珞珈一号01星夜光遥感设计与处理

张 过 钟 兴 沈 欣 蒋永华 著
汪韬阳 涂建光 李治江

科学出版社

北京

内 容 简 介

本书设计并实现高灵敏度、高动态范围、高几何辐射质量的夜光成像,研制我国首个分辨率最高、绝对几何精度优于 200 m 的中国夜光遥感正射影像一张图。在国内开创互联网+遥感卫星数据公益服务模式,为联合国难民营设置、瑞典森林火灾和印尼地震等提供遥感数据定制服务。

本书可供测绘、国土、航天、规划、农业、林业、资源环境、遥感、地理信息系统等空间地理信息相关行业的生产技术人员和科研工作者参考。

图书在版编目(CIP)数据

珞珈一号 01 星夜光遥感设计与处理/张过等著. —北京:科学出版社,2019.10

ISBN 978-7-03-062396-6

I. ①珞… II. ①张… III. ①遥感卫星–研究 IV. ①V474.2

中国版本图书馆 CIP 数据核字(2019)第 208835 号

责任编辑:杨光华 李建峰/责任校对:高 嵘
责任印制:彭 超/封面设计:苏 波

科 学 出 版 社 出版

北京东黄城根北街 16 号
邮政编码:100717
http://www.sciencep.com

武汉精一佳印刷有限公司印刷
科学出版社发行 各地新华书店经销
*
开本:787×1092 1/16
2019 年 10 月第 一 版 印张:11
2019 年 10 月第一次印刷 字数:260 000

定价:139.00 元
(如有印装质量问题,我社负责调换)

前　　言

长期以来，我国遥感卫星、导航卫星各成体系，功能分立。武汉大学珞珈一号 01 星是世界上第一颗兼具遥感和导航的"一星多用"跨体系低轨微纳智能科学试验卫星，2015 年由武汉大学立项研制，2018 年 6 月 2 日发射入轨，其主功能载荷为夜光成像载荷和星基导航增强载荷，主要用于社会经济参数估算、重大事件评估、渔业监测、国家安全等领域，以及开展全新的低轨星基导航增强方法的试验。该星的夜光遥感分辨率为 130 m，可清晰识别道路和街区，优于美国的 DMSP/OLS（分辨率 2.7 km）和 Suomi NPP/VIIRS（分辨率 740 m）。

珞珈一号 01 星需求分析、卫星设计与研制、数据分发与共享、推广应用，历时 5 年，在夜光遥感设计处理和应用方面取得突破性进展：①提出星载耦合杂光规避方法、联合增益处理动态范围延拓方法，构建"白天成像定标+晚上成像校正"的在轨几何辐射定标模型，设计并实现高灵敏度、高动态范围、高几何辐射质量的夜光成像，达到国际同类卫星传感器领先水平；②提出夜光卫星影像弱交会平面区域网平差方法，绝对几何精度优于 1.5 个像素；③研制 130 m 分辨率平面精度优于 1.5 个像素的中国陆地夜光影像一张图，已直接服务于国民经济、国家安全与科学研究等多个领域；④研发珞珈一号 01 星数据管理与公益服务平台。

珞珈一号 01 星取得了一批具有竞争力的自主知识产权核心关键技术，支撑了我国遥感卫星从地表监测到人类社会活动监测的跨越，结束了我国社会经济参数反演评估遥感应用主要依赖国外卫星数据的历史，对微纳卫星研制与应用、测绘地理信息学科的发展具有引领性的意义，"珞珈一号 01 星入轨运行"入选 2018 年度中国遥感领域十大事件。

感谢国家国防科技工业局、国家国防科技工业局重大专项工程中心、中国航天科技集团有限公司、中国长城工业集团有限公司、中国航天科技集团有限公司第五研究院总体部（北京空间飞行器总体设计部）、中国航天科技集团公司第八研究院（上海航天技术研究院）、中国人民解放军战略支援部队、北京跟踪与通信技术研究所、酒泉卫星发射中心、西安卫星测控中心、工业和信息化部无线电管理局、教育部科技司及各用户单位，对本项目的支持！

感谢李德仁院士、龚健雅院士，武汉大学测绘遥感信息工程国家重点实验室杨旭书记、陈锐志主任、蔡列飞副主任、龚威副主任、关琳老师、陈莉琼老师，武汉大学科技发展研究院郑晗副院长，武汉大学先进技术研究院孙卫调研员、刘栗加主任、宋浩主任、楚红主任，武汉大学发展规划与学科建设办公室巫世晶主任，武汉大学财务部何莲部长，武汉大学保密委员会办公室席彩云主任，武汉大学党委宣传部李霄鹍副部长、肖珊主任，武汉大学人事部边金銮副部长，武汉大学人民医院李平湘副院长，武汉大学遥感信息工程学院毕为民书记，武汉大学印刷与包装系左军书记及在背后默默支持珞珈一号 01 星的各位同仁。

感谢团队中没有在封面署名的李立涛博士、王京印博士、崔浩博士、郭凤成博士、郭雪瑶硕士、李仕学硕士、蒋博洋硕士、李欣硕士、达凤工程师，以及高分辨率对地观测系统湖北数据与应用中心、诗琳通地球空间信息科学研究中心卫星地面站、长光卫星技术有限公司的各位同仁，在设计、研制、处理和应用中的突出贡献。

由于时间仓促，本书难免存在不足之处，敬请各位专家同仁批评指正。

张　过

2019 年 6 月

目　　录

第 *1* 章

绪　论

夜光遥感是获取无云条件下地表发射的可见光–近红外电磁波信息。这些信息大部分由地表人类活动发出,其中最主要的是人类夜间灯光照明,同时也包括石油天然气燃烧、海上渔船、森林火灾及火山喷发等来源。相比于普通的遥感卫星影像,夜光遥感影像更直接反映人类活动,因此,被广泛应用于社会经济参量估算、城市监测、重大事件变革、生态环境评估及公共健康等领域。

1.1　国内外夜光遥感卫星现状

目前已有许多传感器具备了在夜间对地表灯光亮度进行探测的能力，其中包括美国国防气象卫星计划（defense meteorological satellite program，DMSP）搭载的线性扫描业务系统（operational linescan system，OLS）传感器、美国国家极轨卫星伙伴卫星（Suomi national polar-orbiting partnership，Suomi NPP）搭载的可见光近红外成像辐射仪（visible infrared imaging radiometer suite，VIIRS）传感器（陈佐旗，2017）、中国的吉林一号卫星及中国武汉大学发射的珞珈一号 01 星等。

1.1.1　DMSP 卫星

1976 年 9 月美国 DMSP 搭载的 OLS 升空，该振荡扫描辐射计最初是为美国空军的全球气象预报而开发的，设计用于观测月光照射下的云（Elvidge et al.，1997a），能够探测可见光和热红外辐射（Elvidge et al.，2017b），具体卫星参数见表 1.1。DMSP 卫星在运行一段时间后被发现具有夜光探测能力，美国国家海洋和大气管理局（National Oceanic and Atmospheric Administration，NOAA）下属的美国国家地球物理数据中心（Naitonal Geophysical Data Center，NGDC）组成的科研团队地球观测组（Earth Observation Group，EOG）专门从事夜间观测全球灯光和燃烧源的研究，并基于 OLS 传感器做了大量的夜光遥感研究。OLS 传感器可以每天获取图像，由于传感器噪声、大气效应和月光变化导致图像的信号强度降低，图像通常不宜直接进行分析（Li et al.，2013a）。因此，由地球观测组将单个影像校正、合成生产出年度的全球稳定夜间灯光产品（1992～2013 年共 34 幅），共涉及 6 颗卫星（F10、F12、F14、F15、F16、F18）。

表 1.1　DMSP/OLS 卫星参数

项目	参数
轨道高度/km	约 850
轨道周期/min	101（每天 14 圈）
空间分辨率/m	2 700
条带宽度/km	3 000
每天全球覆盖/次	4
光谱范围/nm	590～910
探测波段/μm	0.4～1（近红外），10～13（热红外）
光谱分辨率/bit	6（近红外），8（热红外）
灰度值范围	0～63（近红外），0～255（热红外）
最低辐射亮度（Watts/cm^2/st）	5×10^{-10}
夜间过境时间	当地时间 19:30

项目	参数
辐射校正	无
产品周期	年

DMSP/OLS 夜光遥感数据可在美国国家海洋和大气管理局网站下载（http://ngdc. noaa.gov/eog/dmsp/downloadV4composites.html）。

NOAA 提供的 DMSP/OLS 夜光影像的参考系为 WGS-84 坐标系，获取幅宽为 3 000 km，空间分辨率为 30 弧秒（在赤道附近约为 1 km，北纬 40°处约为 0.8 km）。影像的覆盖范围为经度−180°～180°，纬度−65°～75°（基本覆盖了全球存在人类活动的所有区域）。影像的像元灰度值代表平均灯光强度，其范围为 0～63。像元灰度值为 0 的区域是无灯光区域，像元灰度值越大表示该区域的灯光强度值越大。其中，每期的 DMSP/OLS（Version4）非辐射定标的夜间灯光影像包括三种全年平均影像：①无云观测频数影像；②平均灯光影像；③稳定灯光影像。其中稳定灯光影像是标定夜间平均灯光强度的年度栅格影像，该影像包括城市、乡镇的灯光及其他场所的持久光源且去除了月光云、火光及油气燃烧等偶然噪声的影响，其中全球覆盖一期的数据如图 1.1 所示。

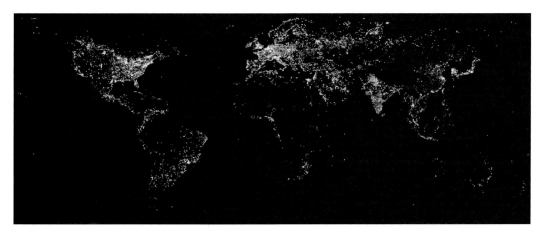

图 1.1　全球灯光分布影像（DMSP 1992F12）

DMSP/OLS 夜间灯光数据代表了最广泛认可的全球卫星数据产品之一，并在广泛的科学应用中证明了其价值。然而 DMSP/OLS 数据也存在一定的缺点（Elvidge et al.，2007）：空间分辨率较低，六位量化，强光过度饱和，缺乏在轨定标，缺少适合识别光源热源的光谱通道，缺少适合识别照明类型的低光成像光谱波段等（Elvidge et al.，2010）。

1.1.2　Suomi NPP 卫星

2011 年 10 月 28 日，美国 Suomi NPP 搭载夜光传感器 VIIRS 发射成功。VIIRS 传感器成像幅宽 3 000 km，空间分辨率约为 740 m，影像的覆盖范围为经度−180°～180°，纬度

−65°~70°。与传统的 DMSP/OLS 夜光遥感数据相比，VIIRS 传感器对夜间灯光具有更高的灵敏度，具有更高的空间分辨率和更宽的辐射检测范围，具体的卫星参数见表 1.2。与 DMSP/OLS 卫星类似，Suomi NPP/VIIRS 卫星也是最初设计用于监测大气和环境，其低光成像能力旨在满足气象学家对基于月光反射的夜间全球云可见影像的要求。

表 1.2　NPP/VIIRS 卫星参数

项目	参数
卫星重量/kg	255
轨道高度/km	824
轨道周期	每 4 h 经过赤道一次
条带宽度/km	3 000
空间分辨率/m	740
光谱范围/nm	500~900
探测波段/μm	可见光、近红外 9 个（0.4~0.9）短、中波红外 8 个（1~4）热红外 4 个（8~12）1 个低照度条件下的可见光通道
最低辐射亮度（Watts/cm^2/st）	2×10^{-11}
夜间过境时间	当地时间 01:30
辐射定标	有
产品周期	月

2013 年 1 月 3 日，NGDC 在其网站上发布了第一张 Suomi NPP/VIIRS 全球夜间灯光影像。该全球夜间灯光影像利用 VIIRS 传感器在无月光的夜晚获取的昼夜波段数据和 VIIRS M15 热波段引入云掩膜研制而成（Li et al.，2013b）。但是由于 Suomi NPP 卫星发射时间较晚，夜光影像积累的数据量不如 DMSP/OLS 卫星多。目前仅提供 2012 年至今的日数据、逐月合成数据和部分年份的年合成数据。日数据可用于实现对短时间间隔变化的动态分析，但该数据受到云覆盖的影响较大。月合成数据和年合成数据剔除了受云覆盖影响的像元或是使用算法校正了这些像元的辐射亮度值，已被证明其更适合进行社会经济指标的估算（陈佐旗，2017；Mills et al.，2014），图 1.2 为 2018 年 4 月武汉地区 Suomi NPP/VIIRS 夜间灯光影像。

VIIRS 传感器的日/夜波段（day/night band，DNB）是用于探测夜间灯光强度的主要波段，DNB 波段的波长范围为 0.5~0.9 μm（全色波段）。DNB 波段的光谱分辨率为 14 bit 且进行了在轨辐射定标处理。与 DMSP/OLS 稳定夜间灯光数据相比，该数据不会出现所谓的"过饱和"现象。但是，也正因为该传感器对夜间灯光的高灵敏化在数据中会出现"噪点"，例如渔船的灯光、冰雪的高反射导致的数值异常等。相对于 DMSP/OLS，VIIRS 传感器进行了技术改进：提升了影像分辨率 [地面瞬时视场（ground instantaneous field of view，GIFOV）]，从扫描的最低点到边缘均匀的 GIFOV，更低的检测限，更宽的动态范围，更精细的量化，以及在轨辐射定标（Elvidge et al.，2017a）。VIIRS 传感器 DNB 的光谱范

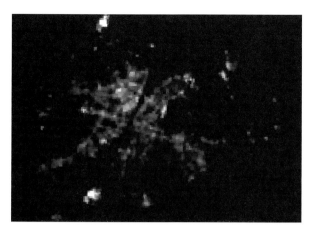

图 1.2 2018 年 4 月武汉地区 Suomi NPP-VIIRS 夜间灯光影像

围为 500～900 nm，对较低的可见光非常敏感，可以显著提高城市、船舶和石油耀斑在零月光下的夜间人为照明的探测能力（Ma et al., 2014; Lee et al., 2006）。因此，相比于 DMSP/OLS 夜光遥感影像，VIIRS 传感器获得的夜间亮度信号能提供更加丰富的有关人类定居和经济活动的信息（Hillger et al., 2013）。

1.1.3 吉林一号卫星

吉林一号卫星（2015 年 10 月 7 日发射）由我国长光卫星技术有限公司研制，包括高分辨率、宽覆盖、视频和多光谱等多个系列。基于面阵凝视的夜光成像技术最早在吉林一号技术验证星上得到了验证。吉林一号技术验证星的技术指标如表 1.3 所示，获取的长春南湖区域夜光影像如图 1.3 所示。

表 1.3 吉林一号技术验证星技术指标

项目	参数
卫星轨道/km	656
像元分辨率/m	4.7
覆盖面积/km	9.6×4.8
成像模式	面阵凝视、框幅推扫、线阵推扫
像元尺寸/μm	11
探测器类型	全色 CMOS
卫星总质量/kg	147

之后，基于面阵凝视的夜光成像技术在业务化运行的吉林一号视频 03～视频 08 星上得到了继承，并增加了成像的分辨率和覆盖范围。视频 03 星的指标如表 1.4 所示，获取的香港维多利亚港夜光影像如图 1.4 所示。由于获取的高分辨夜光影像采用了三色融合传感器，用户可实现诸如局部区域灯光分类等应用（Zheng et al., 2018）。

图 1.3　吉林一号技术验证星拍摄的长春南湖区域夜光影像（100 ms 曝光）

表 1.4　吉林一号视频 03 星技术指标

项目	参数
卫星轨道/km	535
像元分辨率/m	0.92
覆盖面积/km	11×4.5
成像模式	面阵凝视
像元尺寸/μm	5.5
探测器类型	彩色贝尔编码 CMOS
卫星总质量/kg	147

图 1.4　吉林一号视频 03 星拍摄的香港维多利亚港夜光影像（100 ms 曝光）

1.1.4　珞珈一号 01 星

武汉大学珞珈一号 01 星 2015 年立项研制，由武汉大学全额资助。珞珈一号 01 星的夜光遥感分辨率为 130 m，可清晰识别道路和街区。表 1.5 为珞珈一号 01 星具体参数，图 1.5 为 2018 年武汉地区珞珈一号 01 星夜间灯光影像。

表 1.5　珞珈一号 01 星参数

项目	参数
轨道类型	太阳同步轨道
轨道高度/km	645
地面像元分辨力	130 m@650 km（星下点）
成像谱段/nm	480～800
地面带宽	250 km×250 km@650 km
成像模式	夜光模式+白天模式
机动能力	俯仰轴大于 0.9°/s
三轴姿态稳定度	优于 0.1°/s
姿态确定精度	优于 0.05°/s
卫星总质量/kg	<20
在轨包络尺寸/mm	520×870×390
测控	UHF 测控体制,明传模式
数传	X 波段,50 Mbps
设计寿命	6 个月
波段	燃烧、灯光光源,确定遥感波段范围 0.5～0.9 μm
分辨率	观测城市主街道、商业聚集区,确定分辨率 100 m
照度	辨识夜间乡村小路,确定照度 10 lux

图 1.5　2018 年武汉地区珞珈一号 01 星夜间灯光影像

1.2　国内外夜光遥感应用现状

夜光遥感影像不仅可以反映夜间城镇灯光,还可以捕捉夜间渔船、天然气燃烧、森林火灾的发光等,因此被广泛地应用于社会经济参数估算、区域发展研究、重大事件评估等诸多研究领域。

1.2.1　社会经济参数估算

照明设施的密度和使用能够反映该区域的繁荣程度，大量的统计分析表明夜间灯光与国民生产总值（gross domestic product，GDP）或区域生产总值（gross regional product，GRP）存在较高的相关性（Forbes，2013；Li et al.，2013b；Doll et al.，2006；Elvidge et al.，1997a），分析发现夜光总量与 GDP/GRP 的回归系数在这些区域达到 0.8～0.9。上述研究表明，夜光遥感用来估算 GDP 或 GRP 在理论上是可行的。对于统计系统较为薄弱的部分发展中国家而言，统计数据误差较大甚至缺失，因此夜间灯光可为这些国家的 GDP 或GRP 的估算提供依据。2011 年，美国权威经济学杂志《美国经济评论》刊登了布朗大学的研究成果，Henderson 等（2011）依据不同国家经济统计数据的可信度，利用夜光遥感数据修正各国 GDP 增长率，例如：缅甸 1992～2002 年的 GDP 年均增长率的官方值为8.6%，而通过夜光数据修正后的年均增长率为 4.3%。在 Henderson 研究的基础上，Chen等（2011）提出利用 1992～2008 年的夜光遥感数据修正全球 GDP 格网产品，并发现夜光数据对统计数据缺失国家的 GDP 估算能够发挥十分显著的作用，该项研究成果发表在国际顶级期刊《美国科学院院刊》上。人口数据的空间化能够为区域经济、灾害、全球变化等研究提供关键参数，因此人口数据的空间化极为重要（Sutton et al.，1997）。研究发现美国陆地的夜光亮度和人口密度分布图具有较好的相关性，线性回归的决定系数达到0.63，这为利用夜光影像研究人口密度提供了经验基础。基于夜光和人口分布的关系，卓莉等（2005）利用夜间灯光影像、遥感植被指数产品、人口统计数据将中国的县级行政单元划分为三类，针对每类单元建立不同的人口空间分配模型，从而得到中国 1 km×1 km 的人口密度分布。此后，大量的研究在不同地理信息和遥感产品的辅助支持下，基于不同的空间分配模型，通过夜光影像进行了巴西（Amaral et al.，2006）、欧盟（Briggs et al.，2007）、中国（高义 等，2013；Yang et al.，2013a；Zeng et al.，2011）及子区域的人口空间化，而最新的研究成果利用了新型夜光影像 Suomi NPP/VIIRS 生成了中国海岸带 500 m×500 m空间格网的人口密度图（高义 等，2013）。夜光影像能够反映照明设施的密度和使用程度，也能够为电力消费、碳排放的估算和空间化提供依据。研究者提出利用夜光数据测算电力消费，发现在数十个亚洲国家中，电力消费和夜光总量之间线性回归的决定系数高于0.6，证明了夜光可以用来估算电力消费（Min et al.，2013；Letu et al.，2010）。He 等（2013）基于多源 DMSP/OLS 夜光影像研究了非洲农村电力普及率和 DMSP/OLS 夜光的关系，通过大量的地面调查发现，通电村庄的夜光明显高于未通电村庄，证明了夜光影像可以用来检测全球的电力普及率。He 等（2014）利用遥感植被指数产品来修正 DMSP/OLS 夜光影像的饱和数据，通过建立省级电力消费和夜光总量的关系，反演得到我国 2000～2008年电力消费的空间格网数据。苏泳娴等（2013）利用夜光和碳排放统计数据的关系，在Landsat 遥感影像的辅助下，得到了我国 1992～2010 年地级市的碳排放数据，并揭示了我国这一期间碳排放的时空特征。

1.2.2　区域发展研究

夜光影像可以在时空层面表征社会经济参量,因此它能够客观和定量地反映区域发展的状况。特别是对于发展中国家而言,城市化是区域发展的重要驱动力,而夜光遥感能够较好地监测城市化过程,因此夜光影像能够为区域发展研究提供有力的支持。建成区范围是反映区域发展的重要参量,研究表明夜光影像能够有效地提取建成区范围及变化。大量经验研究表明,对夜光影像进行阈值分割,将夜晚较亮区域视为建成区,可提取建成区的范围（Small et al.,2005,2011；Henderson et al.,2003）。但是,将同一阈值应用到不同区域的夜光影像进行分割会导致较大误差,因此有研究提出利用真实建成区面积来辅助确定阈值,从而准确地得到不同区域的建成区范围（Zhou et al.,2014；杨洋 等,2011）。为了从夜光影像中提取建成区,另一种思路是利用其他遥感产品（主要是植被指数产品）和夜光影像共同构造特征空间,从而准确提取建成区范围,这类方法在中国（Yang et al.,2013b；Cao et al.,2009；Lu et al.,2008）、印度（Pandey et al.,2013）等国的建成区提取获得了成功。因为夜光影像可以用来反映建成区范围,所以时间序列夜光影像则可以反映城市化的动态信息。基于 DMSP/OLS 夜光影像对全球城市化制图的能力（Zhang et al.,2011）,该类影像可以用来分析近 20 年来中国城市化的时空动态信息（Liu et al.,2012）。基于高分辨率遥感数据的实证研究表明,DMSP/OLS 夜光影像对于检测发达国家的城市化进程能够取得较好的效果,而在发展中国家的应用效果则略为逊色（Zhang et al.,2013）。夜光影像不仅仅能够反映区域发展中的建成区扩张,同时也能够反映 GDP、电力消费等多个参量的变化。夜光影像不仅能够用来监测城市化,还能发掘城市群和城市体系的时空演变模式。Yu 等（2014）通过对 DMSP/OLS 夜光影像进行空间聚类分析,得到了中国主要城市群的分布,其中规模最大的 5 个城市群分别是上海城市群、郑州城市群、广州城市群、北京城市群和沈阳城市群。Yi 等（2014）利用 DMSP/OLS 夜光影像研究了我国东北地区 1992～2010 年的城市化进程,通过单位圆分析方法发现沈阳、长春、哈尔滨、大连、大庆和鞍山的城市化进程最快。廖兵等（2012）基于 DMSP/OLS 夜光影像研究了 1994～2009 年江西城镇空间格局分布,发现了江西城镇的相互联系增大、破碎度减小、发展无序度增大等特点。范俊甫等（2013）利用 1992～2010 年的 DMSP/OLS 夜光影像研究了我国环渤海城市群的空间格局变化,发现了该区域中小城市的相对扩张速率大于大城市、核心城市与卫星城市连通度增加等现象。徐梦洁等（2011）利用 1998 年、2003 年和 2008 年的 DMSP/OLS 夜光影像分析了长三角城市群的扩张特征,发现了该区域的三种城市扩张模式,得出了该区域内部城市发展的不平衡性在逐渐减小等结论。相比于夜光遥感在城市群的应用,夜光遥感在城市体系中的研究也逐步开展。城市体系是指以中心城市为核心,由不同等级规模、不同职能分工、相互密切联系的城镇组成的系统,城市体系研究是城市进入高级发展阶段后的产物。由于夜光影像能够提供城市的规模及空间关联信息,夜光影像能够有力地支撑城市体系的研究。Small 等（2013）利用 1992～2009 年的 DMSP/OLS 夜光影像研究了亚洲东部的城市化,发现了该区域城市化伴随着城市网络的不断连通,并证明了该区域的城市体系完全符合著名的齐夫定律。

1.2.3 重大事件评估

由于夜光能表征社会经济参数，当社会经济发生重大变化时，夜光往往也会发生急剧变化，从而为评估这些事件提供一定的依据。Filho 等（2004）利用 DMSP/OLS 夜光影像研究了 2001 年巴西能源危机，这一时期巴西用电量减少了 20%，夜光亮度也相应减少约 20%，证明了夜光影像能够监测能源危机。Kohiyama 等（2004）提出利用 DMSP/OLS 时间序列夜光影像评估自然灾难的影响，以 2001 年西印度地震为研究对象，发现夜光影像监测的损失和实地调查情况高度吻合。Cao 等（2013）利用 Suomi NPP/VIIRS 夜光影像评估了发生在美国两次极端天气事件导致的停电事件，不仅发现通过夜光影像得到的停电范围和调查报告得到的结果极为接近，还估算了调查报告未涉及区域的停电数据。

夜光影像不仅能监测停电事件和自然灾害，还能监测大规模的人道主义灾难。Li 等（2013c）提出利用时间序列 DMSP/OLS 夜光影像评估 2000~2008 年津巴布韦经济崩溃的空间分布信息，研究发现该国的矿业和农业受到的损失最大，而服务业和贸易受到的损失相对较小。Agnew 等（2008）根据 DMSP/OLS 夜光影像评估了美国政府 2007 年对伊拉克增兵的效果，研究表明巴格达的夜光在增兵行动后发生减少，据此认为巴格达的治安发生恶化，从而质疑了增兵行动的实际效果。Witmer 等（2011）利用时间序列 DMSP/OLS 夜光影像评估了 1999 年车臣战争和 2008 年的俄罗斯–格鲁吉亚战争，发现区域夜光整体随着武装冲突而减少，并发现夜光变化能够反映冲突中的人口迁移及油田火灾。在 Witmer 的研究基础上，Li 等（2013a）基于武装冲突数据库和时间序列 DMSP/OLS 夜光影像在全球范围内分析了夜光变化和武装冲突的关系，发现了武装冲突发生国家的夜光波动较大，并且指出全球的夜光波动和当年的武装冲突数量存在较好的线性关系。Li 等（2014）利用了时间序列 DMSP/OLS 夜光影像评估了 2011 年至今的叙利亚内战，发现叙利亚的夜光损失了 74%，而夜光的减少与难民迁徙存在较高的相关性，而夜光的时空变化模式被国境线分割，证明了夜光影像可以用来评估叙利亚内战中的人道主义危机。

1.2.4 光污染调查

自然界的各种生物在长期的进化过程中，已经适应了黑暗的夜间生活方式。夜间灯光的出现，在给人类带来便利的同时，也给动植物和人类的健康带来了负面影响，因此夜间灯光又被称为"光污染"。长期以来，光污染研究主要利用局部地面观测及实验室研究来开展，但难以在较大空间范围开展。随着夜光遥感技术的逐渐发展，部分光污染研究开始基于夜光遥感影像进行，使得光污染研究得以在较大空间范围内开展。利用遥感技术调查光污染的分布是一项基础的工作。

Kuechly 等（2012）利用航拍的高分辨率夜间灯光影像获取了德国柏林市光污染的空间分布和来源，发现街道照明、工业、服务业等对光污染的贡献最大。Bennie 等（2014）利用 DMSP/OLS 夜光影像分析了欧洲近 15 年来光污染的时空变化，发现了欧洲在这段时期的光污染明显增加，但乌克兰、斯洛伐克等东欧国家的光污染减少，而部分发达的西欧国家（英国、比利时等）和北欧国家（瑞典、芬兰等）的光污染在局部区域也在减少。

遥感技术不仅仅用来调查夜光的分布,同时也用来揭示夜光的健康与生态效应。Kloog 等(2008)利用医学样本数据和 DMSP/OLS 夜光影像,分析了以色列女性乳腺癌、肺癌发病率与夜光强度的关系,研究表明光污染强度与乳腺癌的发病率有显著相关,而与肺癌发病率没有显著相关,表明了夜光强度与乳腺癌的发病可能存在因果关系。Bauer 等(2013)利用样本数据和 DMSP/OLS 夜光影像,研究了美国佐治亚州的女性乳腺癌发病率和光污染强度的关系,研究表明乳腺癌的发病率与光污染强度存在显著相关,但这种关系在不同人种间存在差异:对于白人女性而言,这种相关性显著;而对于黑人女性而言,则不存在相关性。Kloog 等(2009)利用医学调查数据和 DMSP/OLS 夜光影像,分析了全球男性前列腺癌、肺癌、结直肠癌的发病率与光污染强度的关系,发现前列腺癌的发病率和光污染强度有显著相关,而其他两种癌症的发病率与光污染没有显著相关。

夜间光污染不仅仅影响了人类的健康,同时也对动植物的生活习性造成了影响。Mazor 等(2013)利用 SAC-C 卫星、国际空间站获取的夜光影像和生物调查数据,研究了以色列地中海沿岸的海龟筑巢行为,发现了海龟更容易在黑暗的区域筑巢,说明了夜光能够改变海龟的筑巢行为。Rodrigues 等(2012)基于 DMSP/OLS 夜光影像和问卷调查数据研究了葡萄牙亚速尔群岛的夜光对海鸥飞行的影响,发现了部分海鸥的飞行路线明显被夜光干扰。Dwyer 等(2013)基于鸟类调查数据和 DMSP/OLS 夜光影像,研究苏格兰福斯河口的红脚鹬(一种鸟类)的夜晚行为与夜间灯光的关系,发现了夜间灯光能够显著性提升红脚鹬的夜间觅食和喂食的能力。

1.2.5　渔业研究

城镇灯光是陆地夜光的主要来源,而渔船则是海洋夜光的主要来源。在许多国家,渔民利用一些海洋生物的夜间趋光性特点,在渔船上装载巨大功率的照明灯泡,从而高效地开展渔业活动,这为利用夜光遥感影像获取渔业信息提供了可能性。Waluda 等(2004)利用 DMSP/OLS 夜光影像获取了秘鲁海岸的捕鱿鱼船队的时空分布信息,通过和定位系统获取的船队信息进行对比,发现两者高度一致;利用 DMSP/OLS 夜光影像分析了大西洋西南部的捕鱿鱼业的时空规律,发现了捕捞范围和捕捞量呈正相关等渔业规律。Kiyofuji 等(2004)利用 DMSP/OLS 夜光影像探测了 1994～1999 年期间日本捕鱿鱼船队的时空分布规律,通过船队的时空动态信息将日本海划分成为 7 个捕捞区域并且推测了该海域鱿鱼群的迁徙路线。Cho 等(1999)利用 DMSP/OLS 夜光影像获得了日本海及周边的渔船分布信息,并通过 DMSP/OLS 的热红外影像获得了该区域的海水温度信息,发现了渔船的分布与水温存在密切关系,特别是大量的渔船分布在冷暖流交界处的冷流一侧。鉴于夜光能够较好地表征渔业、经济活动等人类活动信息,Aubrecht 等(2008)利用 DMSP/OLS 夜光影像评估了全球珊瑚礁受到人类活动压力的状况,发现泰国湾的珊瑚礁受到渔业活动的压力最大,而波多黎各、红海及波斯湾的珊瑚礁受到城镇发展的压力最大。

1.2.6 其他研究

除上述研究之外, 夜光遥感在流行病研究、油气田监测、森林火灾监测等研究领域均发挥了作用。2011 年《科学》杂志上发表了题为 *Explaining seasonal fluctuations of measles in Niger using nighttime lights imagery* 的研究论文, Bharti 等 (2011) 利用城市夜光的季节性变化来表征城市人口的动态变化, 发现非洲尼日尔的麻疹传染可以用夜光变化进行很好的解释, 揭示了该疾病的爆发来自于人口聚集效应, 证明了夜光遥感可以用于公共卫生领域的研究。Elvidge 等 (2009) 利用 1994～2008 年的时间序列夜光影像分析了油气井燃烧的状况, 发现了夜光和油气井气体燃烧量存在良好的线性相关, 估算了这一期间内全球主要产油国油气井燃烧的天然气量: 以 2008 年为例, 油气井燃烧掉的天然气价值约为680 亿美元。此外, 夜间火灾也能反映在夜光遥感影像上, 因此夜光遥感也能用于森林火灾监测, 并反映火点的时空动态信息 (Chand et al., 2007)。

第 2 章

珞珈一号 01 星夜光遥感指标论证

本章根据珞珈一号 01 星应用指标，对载荷波段、分辨率、照度开展调研论证，根据精细化社会经济参数估算的需求，合理确定波段、分辨率和照度的范围；针对珞珈一号 01 星几何定位精度指标需求，建立珞珈一号 01 星成像链路各几何要素模型，模拟卫星在轨运行状态，梳理成像链路中的各项误差源，预估在轨几何定位精度；为了保障珞珈一号 01 星辐射指标的实现，根据微光成像特性，建立星载耦合杂光规避和联合增益处理的动态范围延拓模型，仿真在轨高动态范围、高辐射质量的夜光成像要素，预估在轨辐射指标；最后，通过仿真–预估–指标修订多轮迭代，合理确定珞珈一号 01 星卫星设计指标，制定珞珈一号 01 星研制总要求。

2.1　波段、分辨率、照度和定位精度论证

　　珞珈一号的主要任务为对城市夜光成像。在无云条件下，珞珈一号卫星具备拍摄城镇灯光、渔船灯光、火点等可见光辐射源，获取夜间地球可见光影像的能力。目前常用的夜间灯光探测器（DMSP/OLS、Suomi NPP/VIIRS）地面空间分辨率低，使获取的城市夜光影像往往大于城市实际的覆盖面积，导致城市夜间灯光信息获取不充分。为了满足高质量夜间灯光监测的要求，并顾及卫星研制成本和技术的实现，对珞珈一号夜光遥感卫星所观测的波段、空间分辨率、照度和定位精度进行科学的论证。

2.1.1　微光探测器波段范围

　　夜光遥感卫星微光成像探测器的光谱范围确定需充分考虑：①微光探测的光谱范围要符合国际上通用的光谱范围标准，又要满足当前城市夜间灯光的光谱探测范围；②要确定微光探测的灯光类型，光谱范围要覆盖变化的光源类型；③综合考虑遥感影像的视觉系统特性、微光的光谱特性、国际光源标准等因素。目前夜间户外微光源主要可以分为夜间的灯光和燃烧的火苗。这些光源在可见光近红外波段具有不同的光谱特征，是夜间微光探测器波段选择的依据。当仅探测一个全色波段时，可以选择的波段范围应该是 0.5～0.9 μm（Elvidge et al.，2010）。这既符合 CMOS 面阵传感器的探测能力范围，也能避开大气的散射波段范围 0.4～0.5 μm 和水汽吸收波段 0.95 μm。这也就是目前 DMSP/OLS 等微光成像探测器采用的光谱波段范围。

　　珞珈一号确定珞珈一号微光探测器谱段范围为 0.5～0.9 μm。

2.1.2　微光探测器空间分辨率及照度

　　夜光遥感目标照度低、变化大，要求遥感器有极高的灵敏度和较大的动态范围，而且夜光目标的照度可以从几勒克斯变化到几万勒克斯，在面向城市化进程的夜间灯光监测中，10 lux 照度就可以满足乡村公路路灯的照度，在一定的灯光照度下，高分辨率的夜光遥感影像虽然可以提供更加细致的城市夜间灯光信息，但受限于微纳卫星的体积和成本，相应的成像幅宽就会下降；同样，较低空间分辨率夜光影像虽然能增加成像幅宽，但不能分辨出城市的细节信息，且会造成强光溢出现象，使夜光影像不可用。当空间观测分辨率优于 2 m 时，城市的主干道、商业中心、居民区和没有灯光的未开发地区在影像上都有非常清晰的辨认；当空间分辨率降低到 20 m 和 50 m 时，在夜光影像上仍能分辨出主要的街道和商业中心，空间分辨率仍然可以接受；空间分辨率降低到 100 m 时，城市主街道、商业中心聚集区等主要夜间框架信息在影像中依然比较明显。当空间分辨率降低到 200 m 时，商业聚集区的整体信息仍能辨认，但主要道路信息已经保留得不多；而当空间分辨率进一步降低时，上述所有特征信息已不能清晰地辨认（郭华东，2014）。

通过上述分析可知，地面空间分辨率为 50～100 m 的夜光遥感影像可以比较理想地保留足够多的夜光遥感信息，但是较高的空间分辨率会造成较高的研制成本和较大的数据量，不符合珞珈一号卫星设计的实际情况。综合考虑，100～150 m 空间分辨率的夜光遥感观测信息可以反映城市的整体架构信息，该分辨率是珞珈一号夜光遥感卫星比较理想的空间分辨率。

2.1.3　夜光遥感影像定位精度及成像模式

卫星在轨运行后，受卫星发射震动、载荷所处空间温热环境及夜光载荷自身成像状态衰减因素影响，夜光卫星载荷成像质量随时间存在较大变化。卫星载荷的在轨定标是保障卫星全生命周期影像质量的必备条件，是卫星影像预处理的核心技术，其精度的好坏直接影响卫星最终产品质量。卫星地面处理通过提供高精度定标基准实现卫星载荷的在轨标定，但对于在夜间成像的夜光卫星载荷而言，现在夜光影像难以提供有效的在轨定标基准，无法基于夜间图像直接对夜光卫星载荷进行在轨标定。鉴于此，珞珈一号 01 星夜光载荷还应具有白天成像的能力，通过夜光载荷白天对定标场成像，完成载荷几何与辐射定标。综上，针对珞珈一号 01 星任务要求，其夜光载荷需具备夜间和白天两种成像模式。

定位精度是卫星应用重要指标之一，涉及星上硬件的选择和姿控系统的设计，是数据应用效果的重要保障。如上所述，在无云条件下，珞珈一号夜光遥感卫星要具备拍摄城镇灯光、渔船灯光、火点等可见光辐射源，获取夜间无云条件下的地球可见光影像的能力，同时还应具有利用国内定标场在白天进行几何和辐射定标的能力。在应用方面，夜光遥感影像的允许误差在几个像素范围内，如 4～5 个像素的定位误差不会影响社会经济定量反演精度。

根据上述确定的夜光影像的分辨率，结合目前微纳卫星普遍的姿控测量精度和星上设计的可实现性 [姿态精度≤0.05° (1σ)、姿态稳定度≤0.004°/s (1σ)]，卫星姿控对定位精度的影响约为 500 m (@500 km)，考虑大多数卫星的实际在轨情况，最终确定卫星定位精度指标优于 700 m。

2.2　几何指标仿真论证

如图 2.1 所示，在基础元素的建模仿真过程中，需要首先建模仿真不含误差的基础元素，代表卫星在轨的真实状态；在此基础上，考虑在轨测量、离散取样等各项误差因素，模拟制作带误差的基础元素，以便用于后续的精度对比分析。

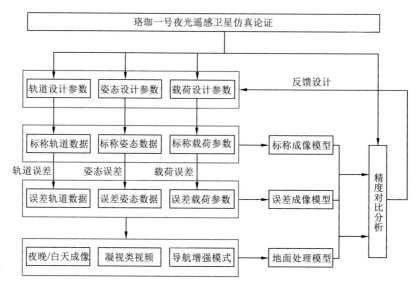

图 2.1　几何指标论证总体方案

2.2.1　卫星轨道建模

1. 标称轨道数据模拟

依据轨道动力学方程，根据需要的轨道精度，选择合适的摄动因素，建立轨道模型。作用在卫星上的主要加速力包括地球重力、拖曳力（大气阻力等）、太阳辐射压力、第三行星的吸引力、推进力等，较小的力包括固体潮汐力、海潮力、地球反照辐射压和卫星自身热辐射加速力等。不同的作用力对卫星轨道摄动影响不同，在遥感影像外推对地目标定位中，哪些力学因素需要考虑，哪些力学因素可以忽略，这需要对各种摄动力的量级做一个简单估计。

表 2.1 中的估计是简单的量级上的估计，许多动力因素是随着环境的变化（如太阳活动、地球自转、天体位置等）而不断变化的。对于低轨卫星而言，卫星运动中所受到的摄动力中，地球非球形引力效应和大气阻力对卫星轨道的影响最为显著。因此，卫星轨道摄动考虑地球效应，即地球非球形引力效应、大气阻力等主要力学因素就已足够。此时，珞珈一号 01 星的动力学模型可以表示为

$$\ddot{r}=\ddot{r}_{\mathrm{en}}+\ddot{r}_{\mathrm{e}}+\ddot{r}_{\mathrm{d}} \tag{2.1}$$

式中：$\ddot{r}$ 为卫星在 J2000 中的位置矢量；$\ddot{r}_{\mathrm{en}}$ 为地球中心引力的加速度；$\ddot{r}_{\mathrm{e}}$ 为地球非球形引力效应的加速度；$\ddot{r}_{\mathrm{d}}$ 为大气阻力的加速度。

表 2.1　卫星摄动力因素

力学因素	加速度/(m/s²)	2 h 轨道影响/m	是否考虑
中心引力			是
地球非球形引力（EGM96 30 阶）	1.3×10^{-2}	342 921.0	是

力学因素	加速度/(m/s²)	2 h 轨道影响/m	是否考虑
月球引力	8.0×10^{-7}	20.0	否
太阳引力	4.6×10^{-7}	12.0	否
水星引力	1.8×10^{-13}	0.0	否
金星引力	3.5×10^{-13}	0.0	否
火星引力	9.5×10^{-9}	0.2	否
木星引力	2.4×10^{-12}	0.0	否
土星引力	1.7×10^{-13}	0.0	否
大气阻力	3.7×10^{-6}	96.0	是
太阳光压	1.9×10^{-7}	5.0	否
地球反照辐射压	1.7×10^{-8}	0.4	否
广义相对论	4.5×10^{-9}	0.1	否
热辐射	2.0×10^{-9}	0.1	否
固体潮	3.5×10^{-7}	9.0	否

2. 误差轨道模拟

根据卫星轨道参数，假定标称轨道数据：位置矢量 $p(t)$、速度矢量 $v(t)$；轨道测量的系统误差：位置矢量 p_{e_s} m，速度矢量 v_{e_s} m/s；轨道测量的随机误差：位置矢量 p_{e_r} m，速度矢量 v_{e_r} m/s；轨道测量的输出频率为 f Hz，轨道测量的时间同步误差系统部分 t_{e_s} s，随机部分 t_{e_r} s。则误差轨道制作步骤如下：

（1）根据用户输入的起始仿真时间和设计的输出频率，将标称轨道数据按 f Hz 离散为：$\{p_0, p_1, \cdots, p_N\}$，$\{v_0, v_1, \cdots, v_N\}$，其中 N 为样本个数，由轨道仿真时长和输出频率确定；

（2）在标称轨道上叠加轨道测量系统误差：$p_{e0}(t) = \{p_0, p_1, \cdots, p_N\} + p_{e_s}$、$v_{e0}(t) = \{v_0, v_1, \cdots, v_N\} + v_{e_s}$；

（3）采用软件控制的伪随机数发生器，产生若干个随机数。为了使该随机数列服从正态分布，先利用乘同余法产生一组近似符合[0,1]分布的伪随机数，再以此伪随机数列为基础，将其标准化产生两组精度为 p_{e_r} 和 v_{e_r} 的随机数 $\{p_{e_{r_0}}, p_{e_{r_1}}, \cdots, p_{e_{r_N}}\}$ 和 $\{v_{e_{r_0}}, v_{e_{r_1}}, \cdots, v_{e_{r_N}}\}$。然后将其顺序地加入步骤（1）中，结果：$p_{e1}(t) = p_{e0}(t) + \{p_{e_{r_0}}, p_{e_{r_1}}, \cdots, p_{e_{r_N}}\}$，$v_{e1}(t) = v_{e0}(t) + \{v_{e_{r_0}}, v_{e_{r_1}}, \cdots, v_{e_{r_N}}\}$；

（4）按步骤（3）方法，生成时间同步误差随机（t_{e_r} s）序列 $\{t_{e_0}, t_{e_1}, \cdots, t_{e_N}\}$，叠加轨道测量时间同步误差：$p_{e1}(t).\text{time} = p_{e1}(t).\text{time} + t_{e_s} + \{t_{e_0}, t_{e_1}, \cdots, t_{e_N}\}$，$v_{e1}(t).\text{time} = v_{e1}(t).\text{time} + t_{e_s} + \{t_{e_0}, t_{e_1}, \cdots, t_{e_N}\}$。

通过步骤（1）～（4），得到误差轨道数据，等同于卫星在轨运行后下传给地面用于几何处理的轨道数据。

2.2.2　成像姿态建模

标称姿态、误差姿态数据均是卫星本体坐标系相对于轨道坐标系下的姿态。

1. 标称姿态数据模拟

标称姿态表示卫星在轨成像中的实际姿态，其可以看作从某个初始姿态开始，由姿态角速度、姿态稳定度、平台高频抖动叠加确定。卫星在轨成像过程中的实际姿态是随时间连续变化的，但由于其变化模型难以精确描述，在计算机模拟过程中需要对其进行随机离散。

1）姿态稳定度建模

姿态稳定度是姿态角的长周期变化量，是姿态角速度波动幅度的统计量，单位为°/s。在卫星平稳成像模式下，理想的姿态角速度应该为 0°/s；但由于平台稳定控制能力有限，通常难以保证成像过程中的姿态角速度为 0°/s，而是在 0°/s 附近随机波动，其波动幅度即用姿态稳定度衡量。

2）平台高频抖动建模

假设 f 为颤振的频率、A 为颤振的幅度、ϕ 为相位角、y 为颤振大小，则可以得到单正弦波的颤振模型：

$$\begin{cases} y = A\sin(\omega t + \phi) \\ T = \dfrac{2\pi}{\omega} \\ f = \dfrac{1}{T} = \dfrac{\omega}{2\pi} \\ \omega = 2\pi f \end{cases} \tag{2.2}$$

在实际过程中，颤振模型应该是许多个波函数的叠加：

$$y = \sum_i A_i \sin(2\pi f_i t) \tag{2.3}$$

假定用户输入起始姿态为 $a_0°$，仿真时长为 T s，拍摄过程中的姿态角速度规划为 $v_a(t)°$/s，卫星设计的姿态稳定度为 $\sigma°$/s，卫星地面试验测定的高频抖动序列表示为式（2.3），其中序列最大频率为 $f_{\max}$。值得注意的，针对平稳推扫，$v_a(t) \equiv 0$。

标称姿态数据模拟算法步骤如下：

（1）根据采样定理，确定标称姿态的输出频率为 $2f_{\max}$ Hz，由于仿真时长为 T，则输出的姿态样本数为 $N = \dfrac{T}{2f_{\max}}$；

（2）按随机误差生成方法，以 σ 为中误差生成 $N-1$ 个姿态角速度"误差"序列 $\{v_{e_0}, v_{e_1}, \cdots, v_{e_{N-1}}\}$，并按 $2f_{\max}$ Hz 对规划的姿态角速度进行离散化，得到规划角速度序列 $\{v_{a_0}, v_{a_1}, \cdots, v_{a_{N-1}}\}$；

（3）按如下得到卫星在轨实际运行的姿态角速度序列 $v=\{v_{a_0},v_{a_1},\cdots,v_{a_{N-1}}\}+\{v_{e_0},v_{e_1},\cdots,v_{e_{N-1}}\}$；

（4）根据姿态角速度序列，从初始姿态 $a_0°$ 开始，顺次积分得到各个离散时刻的标称姿态：$a_i=v_{i-1}\cdot\dfrac{T}{2f_{\max}}+a_{i-1}$；

（5）按 $2f_{\max}$ Hz 离散化高频抖动序列 $\{j_0,j_1,\cdots,j_N\}$，在步骤（4）的基础上叠加高频抖动序列 $a=\{a_0,a_1,\cdots,a_N\}+\{j_0,j_1,\cdots,j_N\}$。

（6）假定 t 时刻卫星在 J2000 坐标系下的位置矢量为 $\boldsymbol{p}(t)=[X_s\ Y_s\ Z_s]^{\mathrm{T}}$，速度矢量为 $\boldsymbol{v}(t)=[V_x\ V_y\ V_z]$，则 t 时刻轨道坐标系与 J2000 坐标系的转换矩阵为下式所示；按照下式关系，将步骤（5）中生成的标称姿态序列转换成 J2000 坐标系下的标称姿态序列 $a_{\mathrm{J2000}}=\{a_0,a_1,\cdots,a_N\}$。

$$\boldsymbol{R}_{\mathrm{orbit}}^{\mathrm{J2000}}=\begin{bmatrix} a_X & b_X & c_X \\ a_Y & b_Y & c_Y \\ a_Z & b_Z & c_Z \end{bmatrix},\quad c=-\frac{p(t)}{\|p(t)\|},\quad b=\frac{c\times v(t)}{\|c\times v(t)\|},\quad a=b\times c \tag{2.4}$$

2. 误差姿态模拟

根据卫星设计指标，姿态测量系统误差为 a_{e_s}''，姿态测量随机误差为 a_{e_r}''，姿态时间同步误差系统部分为 t_{e_s} s，随机部分为 t_{e_r} s，其中，姿态测量误差均归算到本体相对于 J2000 坐标系下的姿态误差。则误差姿态数据模拟步骤如下：

（1）根据用户输入的起始仿真时间和设计的输出频率 f，将标称姿态数据按 $f_{\max}$ Hz 离散为：$a_{\mathrm{J2000}}=\{a_0,a_1,\cdots,a_M\}$，其中 M 为样本个数，由姿态仿真时长和输出频率确定；

（2）在标称姿态上叠加姿态测量系统误差：$a_{\mathrm{J2000}}\{a_0,a_1,\cdots,a_M\}+a_{e_s}$；

（3）按前述方法，以 a_{e_r} 为中误差生成 M 个随机样本序列 $a_{e_r}=\{a_{e_{r0}},a_{e_{r1}},\cdots,a_{e_{rM}}\}$，在步骤（2）的基础上叠加随机误差：$a_e=a_{\mathrm{J2000}}\{a_0,a_1,\cdots,a_M\}+a_{e_s}+a_{e_r}\{a_{e_{r0}},a_{e_{r1}},\cdots,a_{e_{rM}}\}$；

（4）按前述方法，生成时间同步误差随机（t_{e_r} s）序列 $\{t_{e_0},t_{e_1},\cdots,t_{e_N}\}$，叠加姿态测量时间同步误差：$a_e.\mathrm{time}=a_e.\mathrm{time}+t_{e_s}+\{t_{e_0},t_{e_1},\cdots,t_{e_N}\}$；

通过步骤（1）～（4），得到误差姿态数据，等同于卫星在轨运行后下传给地面用于几何处理的姿态数据。

2.2.3　载荷建模

1. 内方位元素建模

内方位元素建模的关键是确认内方位元素各项系统误差引起的像点偏移 $(\Delta x,\Delta y)$。目前，国内在轨几何定标技术趋于成熟，相机畸变等系统误差能够较好地被几何定标消除。因此，在模拟仿真过程中，可将相机畸变归为相机真实状态；而误差内方位元素则主要根据内定标精度按随机误差考虑。

1）标称内方位元素建模

面阵相机的内方位元素误差主要包括主点偏移误差、主距误差、探元尺寸误差、CMOS 面阵旋转误差、径向畸变和偏心畸变。

（1）主点偏移误差。主点偏移误差对几何定位的影响为等效平移误差，即定位误差 $(\Delta x, \Delta y)$ 为

$$
\begin{cases}
\Delta x = \Delta x_0 \\
\Delta y = \Delta y_0
\end{cases}
\tag{2.5}
$$

（2）主距误差。将共线方程对主距 f 求偏导，则

$$
\begin{cases}
\mathrm{d}x = \dfrac{a_1(X-X_S)+b_1(Y-Y_S)+c_1(Z-Z_S)}{a_3(X-X_S)+b_3(Y-Y_S)+c_3(Z-Z_S)}\mathrm{d}f \\
\mathrm{d}y = \dfrac{a_2(X-X_S)+b_2(Y-Y_S)+c_2(Z-Z_S)}{a_3(X-X_S)+b_3(Y-Y_S)+c_3(Z-Z_S)}\mathrm{d}f
\end{cases}
\tag{2.6}
$$

假设 (X, Y, Z) 对应的真实相机坐标为 (x_c', y_c', f')，则

$$
\mathrm{d}x = \frac{x_c'}{f'}\mathrm{d}f
$$
$$
\mathrm{d}y = \frac{y_c'}{f'}\mathrm{d}f
\tag{2.7}
$$

可以看出，主距误差造成的几何定位误差为比例误差。

（3）探元尺寸误差。由于地面测量精度所限及在轨温度等物理环境的影响，对于面阵 CMOS，探元尺寸误差会引入垂轨向（Δp_1）和沿轨向（Δp_2）的定位误差，可表示为

$$
\begin{cases}
\Delta x = x_c' \cdot \Delta p_1 \\
\Delta y = y_c' \cdot \Delta p_2
\end{cases}
\tag{2.8}
$$

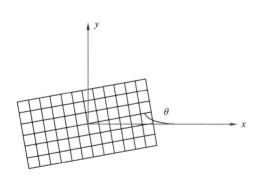

（4）CMOS 面阵旋转误差。假设 CMOS 面阵在相机坐标系中的安装关系如图 2.2 所示，而安装角未知（理想情况下为 0），则引起的像点偏移为

$$
\begin{cases}
\Delta x = x_c \cdot \sin\theta \\
\Delta y = y_c \cdot (\cos\theta - 1)
\end{cases}
\tag{2.9}
$$

图 2.2　CMOS 面阵旋转误差对几何定位的影响

（5）径向畸变。径向畸变是由镜头中透镜的曲面误差引起的，它使像点沿径向产生偏差。根据光学设计理论，径向畸变可采用奇次多项式表示：

$$
\Delta r = k_1 r^3 + k_2 r^5 + k_3 r^7 + \cdots
\tag{2.10}
$$

由径向畸变引起的像点偏移为

$$
\begin{cases}
\Delta x = k_1 x_c r^2 + k_2 x_c r^4 + k_3 x_c r^6 + \cdots \\
\Delta y = k_1 y_c r^2 + k_2 y_c r^4 + k_3 y_c r^6 + \cdots
\end{cases}
\tag{2.11}
$$

式中：$r^2 = x_c^2 + y_c^2$。

（6）偏心畸变。星载光学成像系统通常由多个光学镜头组成，由于镜头制造及安装等误差的存在，多个光学镜头的中心不完全共线（图 2.3），从而产生偏心畸变，它们使成像点沿径向方向和垂直于径向的方向相对其理想位置都发生偏离。

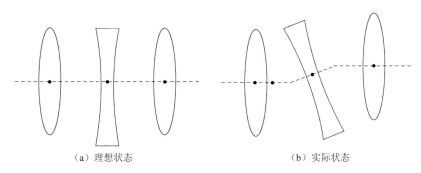

（a）理想状态　　　　　　　　　　（b）实际状态

图 2.3　光学镜头不共线示意图

偏心畸变可表示为

$$P(r)=\sqrt{P_1^2+P_2^2}\cdot r^2 \tag{2.12}$$

由偏心畸变引起的像点位移为

$$\begin{cases}\Delta x=\left[p_1(3x_c^2+y_c^2)+2p_2x_cy_c\right]\left[1+p_3r^2+\cdots\right]\\ \Delta y=\left[p_2(3x_c^2+y_c^2)+2p_1x_cy_c\right]\left[1+p_3r^2+\cdots\right]\end{cases} \tag{2.13}$$

各种内方位元素误差引起的像点综合偏移为

$$\begin{cases}\Delta x=\Delta x_0+\Delta p_1x_c+k_1x_cr^2+k_2x_cr^4+p_1(3x_c^2+y_c^2)+2p_2x_cy_c\\ \Delta y=\Delta y_0+\Delta p_1y_c+k_1y_cr^2+k_2y_cr^4+p_2(3x_c^2+y_c^2)+2p_1x_cy_c\end{cases} \tag{2.14}$$

2）误差内方位元素建模

假设内方位元素定标精度为 σ 像素，标称内方位元素确定的坐标为 $(x_{\text{real}}, y_{\text{real}})=(x-x_0-\Delta x, y-y_0-\Delta y)$，误差内方位元素模拟方法如下：

按前述方法，以 σ 为中误差生成 N（线阵探元个数）个随机样本序列 $i_{e_r}=\{i_{e_{r0}}, i_{e_{r1}}, \cdots, i_{e_{rN}}\}$，在标称内方位元素基础上叠加随机误差：$(x_{\text{error}}, y_{\text{error}})=(x_{\text{real}}, y_{\text{real}})_{i\leqslant N}+\{i_{e_{r0}}, i_{e_{r1}}, \cdots, i_{e_{rN}}\}$。

2. 推扫时间建模

珴珈一号 01 星夜光载荷虽然设计为 CMOS 面阵载荷，但其成像过程采用卷帘分时曝光模式，曝光过程如图 2.4 所示。

图 2.4 中，x 轴为曝光起始时间，从 T_0 开始；y 轴为成像行；T_{ex} 为一个曝光时间，T_{fp} 为一个帧周期（CMOS 面阵两次成像间隔）；H 为 CMOS 面阵的高度，N 为第一行曝光结束后第 $N+1$ 行才开始曝光；该过程可理解为每行依次曝光，且各行曝光时长一样。经推导可知，第 M 行成像时间为

$$T_M=T_0+T_{\text{fp}}\cdot M/H+\frac{1}{2}T_{\text{ex}} \tag{2.15}$$

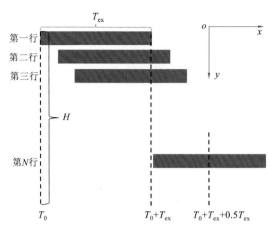

图 2.4　卷帘曝光示意图

其中，T_{ex} 应满足如下关系：

$$T_{ex} = T_{fp} / H \times N, \quad T_{ex} \leqslant T_{fp} \tag{2.16}$$

3. 成像模拟

成像模拟是在轨道、姿态、内方位元素、成像时间建模完成后，基于用户输入的基础底图［数字正射影像（digital orthophoto map，DOM）和数字高程模型（digital elevation model，DEM）］，模拟卫星成像过程，输出模拟影像。

为了获得每个像素在 DOM 的准确位置，需要迭代进行，如图 2.5 所示为定位流程图，具体过程如下。

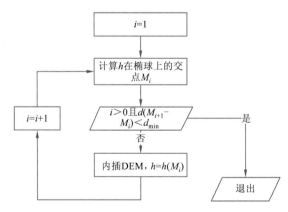

图 2.5　l 行 p 像素在 DEM 和 DOM 上定位流程图

（1）针对像素 (l,s)，取一个近似高程数值 h；根据之前的影像点与物点之间的三维投影关系 $(X,Y,Z)^{\mathrm{T}} = \text{sensor\_model\_func}(l,s,h)$，计算该点 (l,s) 在 WGS84 下的坐标，然后根据 $(east, north, h) = \text{Transformation}(X,Y,Z)$，计算在投影系下的 east 和 north 坐标。

（2）根据 east 和 north 坐标，在 DEM 上内插该像素高程 h。

（3）重复步骤（1）和（2），直到前后两次内插的高程差别在 0.1 m，输出 east 和 north

坐标，完成 (l,s) 像素在 DOM 和 DEM 上的定向。

（4）根据 DOM 和 DEM 上定向得到的位置，利用上述内插算法得到内插后的灰度值，作为 l 行上 p 像素的灰度值。

（5）重复步骤（1）～（4），对像平面上的各个像素分别定位得到各个点的灰度值，完成整个影像仿真的过程。

l 行 p 像素在 DEM 和 DOM 上定位原理示意图如图 2.6 所示。

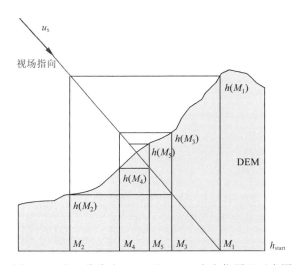

图 2.6　l 行 p 像素在 DEM 和 DOM 上定位原理示意图

2.2.4　几何指标论证

根据前述建立的各几何要素模型进行仿真。设定珞珈一号 01 星轨道高度为 500 km，轨道测量误差 10 m，姿态稳定度 0.004°/s，姿态确定精度 0.05°，CMOS 载荷大小 2 048×2 048，焦距 0.055 086 m，探元大小 11 μm，模拟卫星在轨成像 100 s 时长，并考虑误差的随机性，对平面定位精度进行 20 次仿真，结果为：最大平面精度 1 125.11 m，最小平面精度 14.69 m，总体平面精度 573.73 m（图 2.7），满足定位精度优于 700 m 的指标。

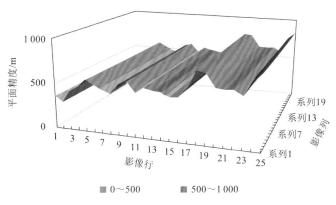

图 2.7　珞珈一号 01 星平面仿真精度统计图

2.3 辐射指标仿真论证

2.3.1 地面反射率场反演

地物上一个小面元接收的波长为 λ 的光波的辐射强度为 I_{λ_0}，这个面元的反射率为 ρ_λ，这个面元法线与此处地球半径的夹角为 θ_0，传感器的成像面正对地面，这个面元到达传感器成像面的路径上程辐射为 $L_{\lambda\rho}$，大气透过率为 t_λ，则传感器上接收的此面元的强度为 I_λ，则

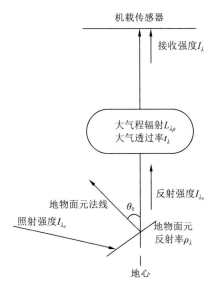

图 2.8　遥感光学成像示意图

$$I_\lambda = t_\lambda \rho_\lambda I_{\lambda_0} \cos\theta_0 + L_{\lambda\rho} \tag{2.17}$$

上述传输过程的示意见图 2.8。

如果传感器不断向地面平移，一直到大气的透过率和程辐射可以忽略的情况，地面面元在传感器上的成像强度应该为

$$I'_{\lambda_0} = \rho_\lambda I_{\lambda_0} \cos\theta_0 \tag{2.18}$$

I'_{λ_0} 相当于传感器在地面以同方向照相的强度效果，校正算法的目的实际是要计算出 I'_{λ_0}。因此

$$I'_{\lambda_0} = (I_\lambda - L_{\lambda\rho})/t_\lambda \tag{2.19}$$

假定待校正的遥感图像上存在黑暗像元区域，反射率或辐射亮度很小的黑暗像元由于大气的影响，这些像元的亮度值相对增加，可以认为这部分增加的亮度是由大气的程辐射影响造成的，就可以求出 $L_{\lambda\rho}$。通过选定对应波长的整层大气透过率 t_λ，就可以由传感器获得的成像面元强度 I_λ 计算出地面同方向照相的强度 I'_{λ_0}。

根据以上原理分析，遥感图像大气校正算法流程如图 2.9 所示。

反射率映射主要目的是将影像中的亮度值转换为折合表面反射率，使之能与地球上其他地区获取的折合表面反射率值进行比较和结合使用。当影像缺乏实地光谱反射率数据时，其解决方案就是利用经验定标法、光谱库中的实测光谱和影像亮度值。

例如，影像中有相当数量的水和沙滩，因此可以用水体和石英在光谱库中的实测光谱数据，从影像中提取水和沙滩像元的亮度值，从而将经过大气校正的结

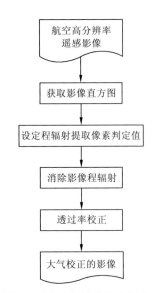

图 2.9　遥感光学成像大气校正算法流程图

果换算成折合表面反射率。这样该影像所有像元值都为折合表面反射，而不是亮度值。

经过大气校正的图像上的灰度值 DN，与地表反射率 r_d 成正比，即

$$DN \propto r_d \qquad (2.20)$$

因此，只需获取原始图像上的某两类地物反射率并建立其与 DN 值之间的关系，就可根据 DN 值逐点求出地表反射率。

2.3.2　大气传输辐射仿真

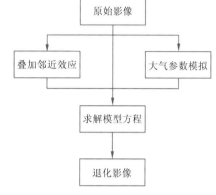

大气传输辐射仿真模块分为以下三个过程：

（1）大气参数的模拟（利用大气辐射传输软件 MODTRAN）；

（2）邻近像元作用的叠加；

（3）退化模型方程的建立与求解。

整个大气退化模型处理过程如图 2.10 所示。

图 2.10　大气传输处理流程

1. 计算大气传输模型中的大气参数

大气辐射传输软件 MODTRAN 中，建立大气传输模型的约束有：①地表假设为朗伯体，不考虑各向异性的反射情况；②考虑交叉辐射，即邻近像元的影响。

光线经过大气主要路径如图 2.11 所示。

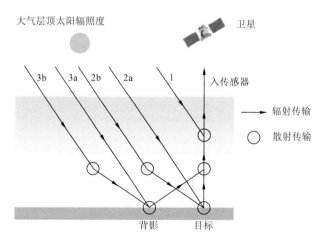

图 2.11　大气对光学遥感的影响

光线在大气中的传输过程主要受衰减和散射的影响。正是因为存在散射的影响，导致进入传感器单元的光线中，不仅包括目标像元的信息，也包括其邻近像元的信息。据此两点，可以得到如下形式的大气传输方程：

$$r_p = \rho_{so} + \frac{\tau_{ss} + \tau_{sd}}{1 - \bar{r}\rho_{dd}}\bar{r}\tau_{ab} + \frac{\tau_{sd} + \tau_{ss}\bar{r}\rho_{dd}}{1 - \bar{r}\rho_{dd}}r_{ab}\tau_{oo} + \tau_{ss}r\tau_{oo} \qquad (2.21)$$

式中：ρ_{so} 为大气路径反射率；ρ_{dd} 为大气反照率；τ_{ss} 为太阳路径的大气透过率；τ_{sd} 为大气透过率（阳光到散射光）；τ_{oo} 为传感器路径的大气透过率；τ_{ab} 为大气透过率（散射光到传感器）；r 为地表反射率；$\bar{r}$ 为地表平均反射率（邻近像元影响）；r_p 为星上反射率。

前 6 个参数通过 MODTRAN 进行大气模拟求解，地表反射率 r 可由输入近似得到，平均地表反射率 $\bar{r}$，即是地表反射率 r 与大气点扩散函数卷积的结果。解得各参数后，代入方程可得到星上反射率 r_p，得到星上反射率后，利用

$$L_0 = \frac{r_p}{\pi} E_s^0 \cos\theta_s \qquad (2.22)$$

即可求解星上光亮度值 L_0（式中：E_s^0 为大气外太阳辐照度；θ_s 为太阳的天顶角），完成大气模型的仿真。

2. 邻近像元影响的叠加

邻近像元的影响是指经非观测目标反射的光子，再经大气的散射而到达传感器，从而在某种程度上使地物边缘模糊的现象。利用点扩散函数可以对邻近像元的影响进行模拟。邻近像元对垂直遥感和有倾角时的影响是不同的。垂直观测时，邻近像元的影响只与它和目标像元之间的距离有关；倾斜观测时，邻近像元不仅与它和目标像元之间的距离有关，而且还与它们之间的相对方位有关，距离相同时在观测方位上的邻近像元的影响最大。由传感器、目标像元和邻近像元构成的空间示意图如图 2.12 所示。

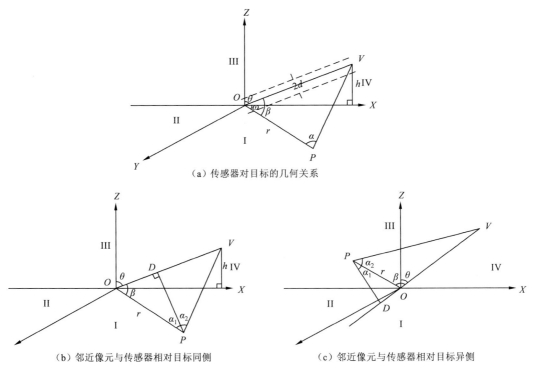

（a）传感器对目标的几何关系

（b）邻近像元与传感器相对目标同侧

（c）邻近像元与传感器相对目标异侧

图 2.12　由传感器、目标像元和邻近像元构成的空间示意图

对于图 2.12（b）的情况，即当 $\cos\phi \geqslant 0$ 时

$$
\begin{aligned}
L=\frac{\omega}{4\pi}\frac{E_s}{\pi}S\frac{1}{(r\sin\beta)^2}&\left\{P\left(\frac{\pi}{2}+\frac{a_1}{2}\right)T_{m1}p_{m1}T'_{m1}\left(\frac{1+\sin^2\alpha_1-\cos\alpha_1}{3\cos\alpha_1}\right)\right.\\
&\left.+P\left(\frac{\pi}{2}-\frac{\alpha_2}{2}\right)T_mp_mT'_m\left[\frac{2\sin\alpha_1\sin\alpha_2-\cos^2\alpha_2\cos(\alpha_1+\alpha_2)+\cos\alpha_1}{3\cos\alpha_1}\right]\cos\theta\right\}
\end{aligned}
\tag{2.23}
$$

对于图 2.12（c）的情况，即当 $\cos\phi < 0$ 时

$$
\begin{aligned}
L=\frac{\omega}{4\pi}\frac{E_s}{\pi}\frac{S}{(r\sin\beta)^2}&P\left(\frac{\pi}{2}-\frac{a_2-a_1}{2}\right)\\
\times&\left(\begin{array}{l}\tan\alpha_1\cos^2\alpha_2\sin\alpha_2-\sin^2\alpha_1\cos\alpha_1\\+\dfrac{2}{3}\tan\alpha_1\sin^3\alpha_2-\dfrac{2}{3}\tan\alpha_1\sin^2\alpha_1-\dfrac{1}{3}\cos^3\alpha_2+\dfrac{1}{3}\cos\alpha\end{array}\right)T_mp_mT'_m
\end{aligned}
\tag{2.24}
$$

由此可得到邻近像元的点扩散函数，按照输入图像大小建立点扩散函数模板 $h(x,y)$。然后分别对输入图像 $g(x,y)$ 和点扩散函数模板 $h(x,y)$ 进行二维快速傅里叶变换（fast fourier transform，FFT），得

$$
F(x,y)=G(x,y)*H(x,y)
\tag{2.25}
$$

对 $F(x,y)$ 进行 FFT 反变换，即得到原图像受邻近像元影响的平均反射率图像 $f(x,y)$，再带入大气模型方程求解星上反射率。

3. 退化模型方程的建立与求解

将原始地物反射率图像通过上述建立的模型即可得到星上辐亮度。

2.3.3　基于 ZEMAX 的光学系统退化仿真

基于 ZEMAX 光学设计软件对光学系统相关参数进行计算和分析，建立光学系统成像退化仿真模块。可根据光学系统的成像波段和成像形式，建立不同波长、不同类型传感器的图像退化模型。

将光学系统设计文件和相关参数输入 ZEMAX 进行计算，通过光线追迹的方式，计算出用于光学系统成像退化模型的相关参数，从而建立光学系统的畸变、像差、渐晕模型，计算从输入照度到达像面的光线照度分布。

光学系统流程图如图 2.13 所示。

当光学系统只存在畸变时，整个物平面能够呈一个清晰的平面像，但像的大小和理想像高不等，整个像发生变形。畸变随着视场减小而迅速减小。

不考虑像散、球差等像差，认为光学系统仅存在一种像差，即畸变，则当给定光学系统的设计参数时，可以很方便地利用 ZEMAX 等光学设计软件得到所需视场范围内的理想像高、实际像高及二者百分比。根据此数据可建立光学系统二维畸变模型，并对图像采用此模型逐点进行计算，得出图像经过光学系统后的畸变状况，从而得到退化图像。具体流程如下：

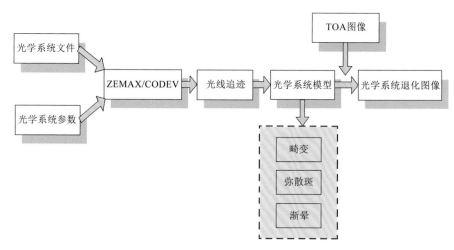

图 2.13　光学系统流程图

（1）计算 CMOS 上采样点的坐标，用极坐标表示，然后根据相似三角形将其投影到像面上；

（2）以 CMOS 上采样点投影到像面上的像点位置作为实际像高，用 ZEMAX 计算理想像高，并把计算出来的理想像高投影到 CMOS 面上；

（3）计算 CMOS 面上理想像点和实际像点的距离；

（4）根据采样点的角度信息和上一步算出的距离，计算理想像点和实际像点在 X, Y 方向上的偏移量；

（5）用双线性二次插值方法插值计算畸变点的灰度。

对光学系统的弥散斑主要采用空间域分析，通过 ZEMAX 对光学系统的光线传播追迹来完成。

对像面上一点发出的众多光线进行追迹。在实际成像面上，一个物点对应一个弥散斑。ZEMAX 可以对光学系统的弥散斑进行描述，一种方式是以光斑的中心为坐标原点，建立在这个坐标系下总能量与半径的关系曲线；另一种方式是点列图，同样以光斑中心为坐标原点，绘制出物点发出的多条光线在实际物面上落点的位置。

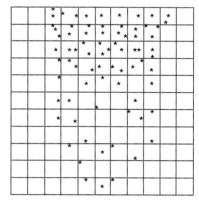

图 2.14　弥散模板和像点

通过前期实验发现直接使用光学设计软件无法达到预期的结果。因此，采用 ZEMAX 光线追迹功能，在入瞳面上建立网格。追踪这些网格点在像面上像点的位置，然后以主光线为原点，建立新的网格，得到的最小能够包含所有像点的正方形即为模板，如图 2.14 所示，图中蓝色的点是入瞳网格上的点在像面上的像点，绿色点是主光线在像面的像点。根据所有像点相对于主光线像点的分布，得到由红色网格划定的弥散模板，为了后续运算的方便，设置其边长为奇数。通过统计每一个方块内像点的数目除以总的像点数，即得到该模板的归一化参数。实际计算中考虑运算量和精度来设定入瞳面的网格点数。

具体计算流程如下：

（1）在入瞳面上根据划分参数建立网格；

（2）调用光学设计软件（ZEMAX）追踪所有网格点在像面上的像点，然后追踪主光线在像面上像点的坐标，以此为原点对其他像点进行坐标变换；

（3）根据设定的图像像素的几何尺寸，建立像面的网格；

（4）统计每一方块中的像点数，用总网格点数归一化即得到最终的模板。

2.3.4　辐射指标论证结果分析

表征夜光载荷成像能力的主要辐射指标有信噪比（signal-to-noise ratio，SNR）和调制传递函数（modulation transfer function，MTF），下面主要从信噪比和调制传递函数两个方面分析夜光载荷辐射指标。

1. 信噪比

信噪比是光学遥感器的一个重要指标，可以对系统的能量特性进行表征。珞珈一号01 星相机可用于夜光成像，即在夜间成像时也能获得较高的信噪比。相机具有推扫成像和凝视成像两种模式。由于白天与夜间的光能量差异较大，需要针对特定的环境采用相应的成像模式。

白天成像时，辐射主要来自于地物、大气对太阳的散射，需要对相机入瞳的辐亮度进行计算。采用 MODTRAN 对辐射传输进行计算，计算过程中的主要输入参数如下：

（1）波段：500～900 nm；

（2）大气模型：中纬度夏季大气模型；

（3）气溶胶类型：乡村气溶胶，能见度 23 km；

（4）散射模式：多次散射。

通过 MODTRAN 模拟计算不同太阳高度角、不同地物反射率下夜光载荷入瞳处辐射亮度，如表 2.2 所示。

表 2.2　不同太阳高度角、不同地物反射率下辐射亮度

反射率	太阳高度角				
	70°	60°	45°	30°	10°
0.05	15.22	14.47	12.84	10.53	5.22
0.10	19.38	18.24	15.77	12.40	5.60
0.20	27.85	25.92	21.75	16.22	6.37
0.30	36.51	33.78	27.89	20.15	7.17
0.40	45.36	41.82	34.19	24.20	8.00

夜光载荷探测器为 GSENSE400 型探测器，该探测器灵敏度为 27 V/lux·s@600 nm，在低照度成像条件下亦可获取较高信噪比，其量子效率曲线如图 2.15 所示。

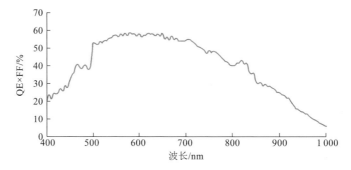

图 2.15　GSENSE400 型探测器量子效率曲线

QE（quantum effeciency）为量子效率；FF（filling factor）为填充因子

基于信噪比计算模型，可获取夜光载荷白天成像模式下信噪比分布，如表 2.3 所示。

表 2.3　白天成像模式下信噪比分布

曝光时间/ms	反射率	太阳高度角				
		70°	60°	45°	30°	10°
0.08	0.05	43.09	42.88	42.36	41.50	38.53
	0.10	44.19	43.92	43.29	42.25	38.86
	0.20	45.80	45.49	44.73	43.46	39.45
	0.30	47.00	46.67	45.84	44.43	40.00
	0.40	47.96	47.61	46.74	45.24	40.49
0.10	0.05	44.06	43.85	43.33	42.47	39.50
	0.10	45.15	44.89	44.26	43.22	39.82
	0.20	46.77	46.46	45.70	44.43	40.42
	0.30	47.97	47.64	46.81	45.40	40.97
	0.40	48.93	48.58	47.71	46.21	41.46
0.20	0.05	47.07	46.86	46.34	45.48	42.51
	0.10	48.16	47.90	47.27	46.23	42.84
	0.20	49.78	49.47	48.71	47.44	43.43
	0.30	饱和	饱和	49.82	48.41	43.98
	0.40	饱和	饱和	饱和	49.22	44.47
0.30	0.05	48.83	48.62	48.10	47.24	44.27
	0.10	49.93	49.66	49.03	47.99	44.60
	0.20	饱和	饱和	50.47	49.20	45.20
	0.30	饱和	饱和	饱和	饱和	45.74
	0.40	饱和	饱和	饱和	饱和	46.23

　　根据上述计算结果,珞珈一号 01 星日间工作时,具有较高的信噪比,由满阱电荷决定的最大有效信噪比约为 50.64 dB,在成像过程中,较短的曝光时间即可达到信噪比的要求。

　　夜间成像时,由于照度低需要延长曝光时间以获得较高的信噪比。假设地面反射率为 0.3,大气透过率为 0.6,地表近似朗伯反射,根据国家城市道路照明标准,城市内不同区域的道路的照明标准如表 2.4 所示。

表 2.4　城市不同道路的照明标准

夜间行人流量	区域	路面平均照度 E_{AV}/lux
流量大的道路	商业区	20
	居住区	10
流量中的道路	商业区	15
	居住区	7.5
流量小的道路	商业区	10
	居住区	5

　　对上述标准道路照明下的情况进行信噪比分析,得到夜间成像的信噪比计算如表 2.5 所示。

表 2.5　夜间成像信噪比分析

光照度/lux	曝光时间/ms	信噪比/dB
20	18.8	28.21
	50.0	30.64
	100.0	33.66
	200.0	36.67
10	18.8	25.18
	50.0	27.62
	100.0	30.64
	200.0	33.66
15	18.8	26.95
	50.0	29.39
	100.0	32.41
	200.0	35.42
7.5	18.8	23.92
	50.0	26.36
	100.0	29.39
	200.0	32.41

续表

光照度/lux	曝光时间/ms	信噪比/dB
	18.8	22.13
5	50.0	24.58
	100.0	27.61
	200.0	30.63

表 2.6 的计算中，18.8 ms 是根据轨道确定的推扫模式的最大行转移时间，可以看到，对于城市道路，在推扫模式下也能获得较高的信噪比。而在面阵凝视模式下，对于城市干道，当曝光时间为 100 ms 时，可以获取的平均信噪比约为 30 dB。

而对于照度更低的情况，比如满月、半月等条件下，珞珈一号 01 星相机也能获得较好的信噪比，具有低照度条件下获取信息的能力，对低照度条件下相机传感器能够获得的信噪比分析如表 2.6 所示。

表 2.6　低照度下目标成像的信噪比计算结果

观测条件	光照度/lux	曝光时间/s	信噪比/dB
满月	0.2	0.1	12.77
		0.2	15.96
半月/夜间路灯	0.1	0.2	12.32
		0.3	14.18

上述计算中，假定地物目标为朗伯体，且反射率为 0.3。可以看到，在半月/夜间路灯条件下观测时，在曝光时间为 200 ms 的条件下信噪比可以达到 12.32 dB。

通过上述分析，可以看到在日间观测时，相机可以达到很高的信噪比。对于微光成像及低照度目标也可以达到一定的信噪比，满足使用要求。

2. 调制传递函数

空间相机的传递函数是衡量系统的另一重要指标，表征的是在频域上系统的传递能力。空间相机在轨工作时，环境因素会使得其获取影像的传递函数下降。下面针对珞珈一号 01 星相机在轨工作时对目标成像的性能进行分析。

取地面目标对比度 $C=2:1$（美国 ITEK 公司的航空相机的分辨力都是对于该指标而言的），则目标的调制度为

$$M_{目标} = \frac{C-1}{C+1} = 0.33 \qquad (2.26)$$

大气传输时由于散射效应会降低目标的对比度，对于对比度为 2:1 的目标，反衬度为

$$C_0 = \frac{I_{max} - I_{min}}{I_{min}} = C - 1 = 1 \qquad (2.27)$$

经过大气衰减、散射后，目标的对比度约为 0.21。光学系统设计的平均传递函数为

0.6，考虑加工、装调环节对系统的影响，传递函数会下降，假设该过程引起的传递函数为0.8，则装调后的传递函数约为 0.48。

在相机系统成像过程中，由于失重、温度及发射过程中的力学环境的影响，会使得光学系统产生离焦，离焦环节引起的传递函数下降约为 0.99。像移引起的传递函数约为 0.89。

经过上述环节，到达成像像面的目标调制度约为

$$M_{靶面} = M_{目标} \times M_{大气} \times M_{光学} \times M_{离焦} \times M_{像移} = 0.090\,4 \qquad (2.28)$$

杂光会使得信号和背景的亮度同时增加，调制度为 0.090 4 时，靶面上目标的对比度为 1.198 7。引入杂光后，当杂光系数为 5%时，像面上的调制度为 0.086 45，则杂光导致的传递函数下降约为 0.956 5。

探测器由于存在电荷转移、像元之间的信号串扰等，会使传递函数下降，光电探测器的传递函数约为 0.5。

通过以上环节，相机输出图像的调制度为

$$M_{信号} = M_{靶面} \times M_{杂光} \times M_{探测器} \times \frac{4}{\pi} = 0.052\,6 \qquad (2.29)$$

体现在图像上的目标的对比度为

$$C_{信号} = \frac{1 + M_{信号}}{1 - M_{信号}} = 1.11 \qquad (2.30)$$

针对其他对比度的目标，按照上述算法，计算得到其在像面上的对比度与调制度如表 2.7 所示。

表 2.7 不同对比度目标的计算结果

目标对比度	图像目标对比度
2:1	1.11
4:1	1.25
6:1	1.33
20:1	1.53
1 000:1	1.67

相机的动态传递函数等于像面上目标的调制度与目标自身调制度的比值。对不同对比度的目标，其动态传递函数计算结果如表 2.8 所示。

表 2.8 不同目标对比度的动态调制传递函数

目标对比度	图像目标对比度
2:1	0.158
4:1	0.186
6:1	0.201
20:1	0.234
1 000:1	0.254

根据对动态传递函数的分析结果，可以看到系统在轨工作时，对于典型目标对比度（2:1）的目标，其动态传递函数为 0.158，满足动态传递函数优于 0.15 的要求，随着目标对比度增加，动态传递函数相应地增加。可以看到，按照国家二级城市道路标准，在图像上可以较好地区分城市内不同区域的道路，在信噪比达到一定要求时，对于城市道路和农村道路可以更好地进行区分，满足夜光成像的要求。

2.4　研制总要求指标体系

综合上述指标分析，确定珞珈一号 01 星整星技术指标，卫星系统主要技术指标如表 2.9 所示。

表 2.9　珞珈一号 01 星整星技术指标

指标条目		指标
应用指标	波段/μm	0.5～0.9
	分辨率/m	100～150
	照度/lux	10
几何指标	轨道类型	太阳同步圆轨道
	轨道标称高度/km	500～600
	姿态稳定方式	三轴对地稳定
	三轴指向精度	优于 1°
	机动能力	俯仰轴大于 0.9°/s
	三轴姿态稳定度	优于 0.1°/s
	姿态确定精度	优于 0.05°
	定位精度/m	优于 700
辐射指标	成像模式	夜光模式+白天模式
	信噪比/dB	优于 35
	产品量化位数/bits	8/10/12
	动态 MTF	0.15

第 3 章

珞珈一号 01 星夜光遥感设计

珞珈一号 01 星有效载荷及卫星平台的设计研制工作紧密围绕夜光遥感和导航增强两项科学目标展开。有效载荷采用了大相对孔径像方远心光学系统、异形遮光罩杂光抑制、高低增益联合读出等设计，可适应大动态范围夜间灯光场景的高灵敏探测需求。为保障夜光遥感数据的几何精度，卫星采用了双星敏定姿和双频 GPS 定轨，达到的姿态和轨道确定精度指标在 20 kg 级微纳卫星中，处于国际领先地位。同时，为了适应搭载发射的要求，并降低研制成本，卫星大量选用工业级器件和成熟的立方星商业部件，通过一体化设计手段，优化整星结构、热控和电子学软硬件，实现卫星的高度轻小型化和功能高度集成。并运用大量级冲击隔离、帆板自主锁紧展开等创新技术，保障卫星可靠性。卫星最终具备"高灵敏、高精度、高集成、高可靠、一星多用"的特点。

3.1　设　计　原　则

珞珈一号卫星遵循下列原则开展设计：

（1）以夜光遥感需求为核心，根据数据应用的几何辐射质量需求，优化分系统设计；

（2）卫星平台部件以成熟的立方星商业部件为主，并尽量采用经过飞行验证的成熟产品；

（3）关注系统级容差容错设计，在保证单机继承性和可靠性的同时，通过系统设计技术保证，满足系统可靠性需求；

（4）卫星设计确保分系统功能及性能的可测试性；

（5）综合考虑运载、发射场、地面站和应用系统的要求，合理设计，满足工程大系统要求；

（6）重点开展针对工业器件的筛选、测试及质量保证工作，确保任务成功。

3.2　卫星方案概述

珞珈一号 01 星的主要技术指标如表 3.1 所示。

表 3.1　珞珈一号 01 星的主要技术指标

指标条目		指标
轨道	轨道类型	太阳同步轨道
	轨道标称高度/km	645
	降交地方时	10:30AM
	重访周期/d	3～5
姿态控制	三轴指向精度	优于 1°
	机动能力	俯仰轴大于 0.9°/s
	三轴姿态稳定度	优于 0.1°/s
	姿态确定精度	优于 0.05°
轨道参数	卫星遥感覆盖能力	全球南北纬 80°之间
	GPS 定轨的空间位置精度	单轴<10 m（1σ）
	GPS 定轨的空间速度精度	单轴<0.2 m/s（1σ）
相机系统	分辨率	优于 130 m@645 km
	幅宽	优于 250 km×250 km@645 km
	光谱范围/nm	500～750
	量化位数	8/10/12 bit 可选

续表

指标条目		指标
相机系统	静态 MTF	0.3
	10 lux 照度下图像信噪比/dB	≥20
	成像模式	夜光模式+白天模式
	相机畸变标定参数	0.3 像元
	主距标定精度/mm	0.05
	在轨半年内畸变变化（边缘视场）	0.3 像元（1σ）
导航增强系统	常规模式	接收 GPS-L1、BD2-B1
	观测模式	接收 GPS-L1/L2、BD2-B1/B2 并记录
	导航增强模式	发射导航电文信号
数据存储与传输	数据存储容量/GB	80
	码速率/Mbps	50
	数据传输频段	X 波段
遥测遥控	测控频段	UHF
	码速率/kbps	1 200～9 600
星敏感器	惯性姿态测量精度	30 角秒
	星敏感器数据输出频率/Hz	1
整星性能参数	最大侧摆能力	±45°
	星上时间同步精度/ms	20
	无控定位精度/m	700
	北斗监测采样间隔/s	≤30

卫星由结构与机构分系统、综合电子分系统、姿态控制分系统、信号处理分系统、测控分系统、数传分系统、相机分系统、导航增强分系统、热控分系统、电源分系统和总体电路分系统一共 11 个分系统组成。其中,相机分系统是实现夜光影像拍摄的有效载荷,如图 3.1 所示。由异形遮光罩、折射式镜头和焦面电箱三部分组成,通过相机安装支架安装到卫星上。

相机安装支架

图 3.1　相机分系统

卫星采用以载荷为核心的一体化设计,外形为长方体,在结构上由 6 个单机安装板组合而成,如图 3.2 所示。对于天线、敏感器等对视场有要求的设备,均安装在卫星舱外。在-X 单机安装板上,除了装有光学相机,为了保证成像的精度,缩短误差的传递路径,所有的高精度姿态和轨道测量相关的部件也都安装在这个安装板上，包括星敏感器、GPS 天线、磁强计、数字太阳敏和 MEMS 陀螺。飞轮等运动部件安装在远离相机的+X 单机安装板上，避免微振动对成像产生干扰，该安装板同时与运载器分离机构相连。两块展开太阳电池阵分别位于星体的±Y 方向，在发射阶段收拢于星体的侧面，入轨后展开锁定，另外在−Z 面分布一块体贴太阳电池阵。

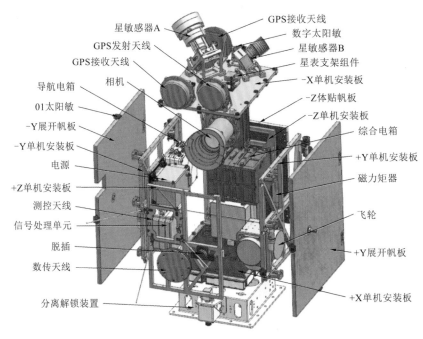

图 3.2　卫星结构分解图

卫星发射状态的外形尺寸为 550 mm×420 mm×450 mm，如图 3.3 所示；卫星在轨运行状态外形尺寸为 550 mm×920 mm×450 mm，如图 3.4 所示。

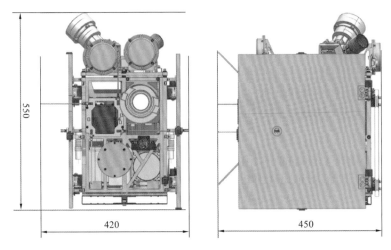

图 3.3　卫星发射状态构型

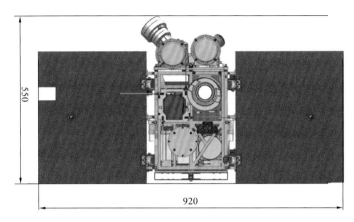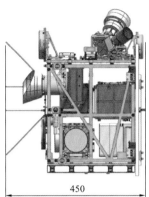

图 3.4　卫星在轨状态构型

卫星的工作模式包括箭上模式、星箭分离模式、在轨待机模式、成像模式、导航增强模式、导航监测模式、数传模式和安全模式。同一时刻，除导航监测模式外，只能工作在一种工作模式中。

卫星飞行程序阶段划分如下。

（1）箭上及发射阶段：整星状态检测及监视，卫星处于箭上模式。

（2）卫星初始入轨阶段：完成星箭分离动作，卫星由箭上模式转为星箭分离模式。在该模式下，太阳帆板展开，建立三轴对日姿态，之后进入在轨待机模式。

（3）卫星在轨测试阶段：完成卫星各项功能测试、相机性能测试及参数设置、导航系统的星地试验、整星各项参数设置，调整卫星至最佳工作状态。

（4）星长期运行阶段：卫星根据需求，执行成像、数传、导航增强和导航监测任务，获取并回传夜光遥感影像。

3.3　卫星平台设计

卫星平台是指为有效载荷服务的系统。对于珞珈一号 01 星的有效载荷夜光相机而言，卫星平台主要起到提供拍摄指令、稳定指向，保障能源等作用。本节主要介绍综合电子分系统、姿态控制分系统、测控数传分系统和电源分系统的设计情况。

3.3.1　综合电子分系统设计

综合电子分系统是珞珈一号 01 星的决策中枢，由中心计算机与通信接口板两部分组成。中心计算机采用立方星成熟商业部件，符合 CubeSat 标准。为了预防单粒子闩锁带来的风险，除了中心机带有抗闩锁硬件电路可以自行重启，卫星的电源控制器还对中心计算机的工作电流和通信状态进行实时监测，必要时进行重启操作，以解除闩锁。该中心计算机通过 CAN 总线或 I^2C 总线与外部通信，由于部分平台部件采用串口通信体制，在综合电子分系统中增加了专门的接口转换板,对总线通信进行转换,实现了 RS232 和 RS422 通信。

中心计算机软件采用 FreeRTOS 操作系统,操作系统主要负责进程的调度与管理、存储管理,通过对操作系统裁剪后和应用程序统一编译。中心计算机软件系统具备如下功能。

(1)收集卫星工程数据功能:使用系统总线和其他分系统或单机通信,接收各节点发出的工程数据;接收姿态敏感部件的工程数据;测量或采集综合电子系统的工程数据。

(2)解析执行遥控指令:立即执行综合电子系统及姿态控制系统的遥控指令;将接收的其他分系统或单机的遥控指令进行分发;存储延时遥控指令,并在指令指定时间执行。

(3)组织并下传星上遥测参数:将收集的各分系统实时工程参数下传,以便掌握星上实时工作状态;存储各分系统延时工程参数并下传,以便掌握卫星境外工作状态。

(4)卫星综合管理功能:在尽可能减少卫星地面站干预的条件下,星务软件能够实现整星状态测量、状态控制、星地通信、对地成像、高速数据下传等任务。同时,根据星载物理资源的状态,合理调度与利用资源实现管理任务。

(5)姿态控制功能:根据各姿态敏感器状态及工程数据确定卫星姿态与轨道;根据卫星任务、飞行状态控制卫星姿态。

(6)故障诊断和处理功能:对各分系统工程数据进行分析,获取卫星健康状态,并对故障部件进行自主处理;分析卫星系统电源电流、电压及蓄电池容量变化,保证卫星飞行安全。

3.3.2　姿态控制分系统设计

珞珈一号 01 星姿态控制系统采用纳型星敏感器、MEMS 陀螺、磁强计、太阳敏感器、GPS/北斗导航接收机等组合实现高精度、高可靠的姿态测量,采用反作用飞轮、磁力矩器作为姿态控制执行机构。姿态控制系统采用了对日/对地三轴稳定控制方案,在轨运行期间平时采用对日定向模式,成像和数传时采用对地定向或凝视模式。具有姿态机动控制能力,以适应不同任务的多种工作模式,可通过侧摆和快速机动扩大对地成像范围和成像模式;在轨具有高精度、高稳定度姿态控制能力,满足相机高分辨率成像要求。卫星姿态控制分系统组成示意图如图 3.5 所示。

3.3.3　测控数传分系统设计

测控和数传分系统均采用成熟立方星商业部件。测控系统由测控端机和测控天线组成。测控天线收发共用,由 4 根棒状天线及分路、合路网络组成。系统构成如图 3.6 所示。

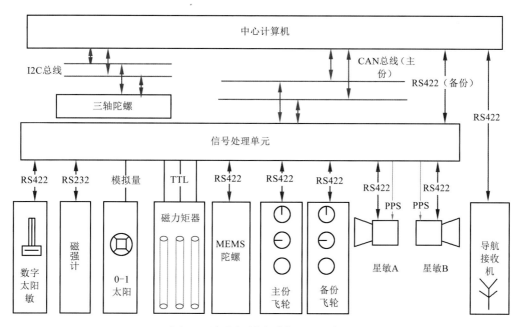

图 3.5　姿态控制分系统组成示意图

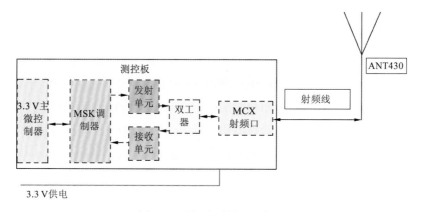

图 3.6　测控分系统组成框图

UHF 测控系统提供可靠的星地通信链路，采用半双工的 UHF 波段通信，天线长度更短，对卫星的挠性影响更小，满足珞珈一号 01 星机动要求。

数传分系统由 1 台数传单机、1 台微带天线阵列和线缆组成，如图 3.7 所示。数传单机包括基带处理单元、模拟单元、电源单元三部分。基带处理单元接收有效载荷相机的数据，并完成组帧、编码等功能，同时完成 I2C 总线遥控遥测传输功能；模拟单元主要由本振、OQPSK 调制器、功放组成，完成信号的模拟调制功能；电源单元供电为 +12 V 一次电源，产生基带处理单元和模拟单元所需的二次电源。接收开关机控制指令完成数传分系统的开关机控制，X 频段功放输出为 33 dBm。

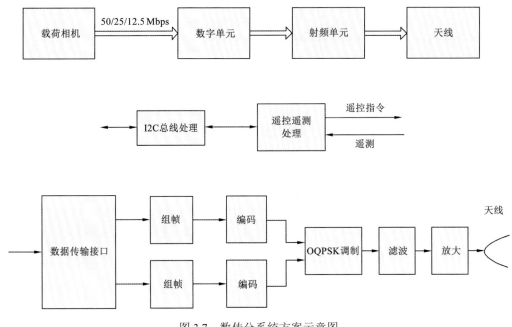

图 3.7　数传分系统方案示意图

3.3.4　电源分系统设计

珞珈一号 01 星电源分系统由太阳电池阵、锂离子蓄电池组和电源控制器组成。太阳电池阵由三块板组成，其中：展开板两块，尺寸为 390 mm×325 mm；体装板一块，尺寸为 270 mm×200 mm。锂离子蓄电池组由三只单体串联组成，其额定容量不低于 10 Ah。

电源控制器是电源系统的控制核心，在不调节母线的工作方式下，电源控制器由分流调节单元、滤波供电单元、遥测遥控单元、配电控制单元、热控控制单元、电源下位机等组成。通过对蓄电池组的充放电调节控制，完成电源系统一次电源变换控制，满足星上各负载的供配电需求，同时完成电源系统各主要性能参数的遥测变换和控制。

珞珈一号 01 星电源分系统工作原理框图如图 3.8 所示。电源分系统采用不调节母线控制方式，电源分系统输出一条不调节直流母线。无论是光照期还是阴影期，供电母线输

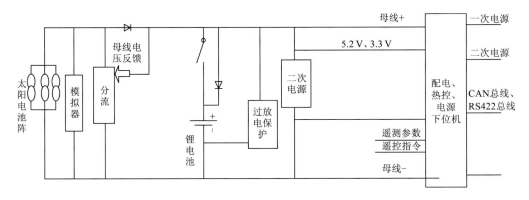

图 3.8　电源分系统原理框图

出均被蓄电池组充放电电压钳位在 9.0～12.6 V，根据锂离子电池的特性，充电时设置最高充电电压限制。太阳电池主通过分流调节器为整星供电。

整星采用了集中式供配电方案，配电控制设备与电源控制器合并，负责完成整星设备的供配电及星上帆板展开机构的控制。

3.4　夜光相机设计

3.4.1　设计要求

白天成像的遥感器依靠的光源是太阳，而夜光成像的主要辐射源是人造灯光。因此，夜光遥感的目标光学特性也非常特殊。大部分没有灯光照射的地面，照度极低，有灯光照射的地面，例如城市道路等，照度变化范围也很大，从几勒克斯到上万勒克斯。因此，要求遥感器有高灵敏度和高动态范围。对低照度目标成像时，空间相机的信噪比是制约成像质量的主要因素。为了提高相机成像的信噪比，需要高灵敏度、低噪声的光电探测器，同时需要大相对孔径的光学成像系统。

为了满足应用要求，夜光相机的设计要求包括以下几方面。

（1）系统动态范围和信噪比：①太阳高度角 70°、地面反射率 0.6 条件下，SNR 优于 50 dB；②太阳高度角 70°、地面反射率 0.3 条件下，SNR 优于 40 dB；③太阳高度角 30°、地面反射率 0.03 条件下，SNR 优于 30 dB；④地面 10 lux 照度，反射率 0.3 情况下，曝光时间 14 ms，SNR 优于 20 dB；⑤至少具有 4 档增益调整功能；⑥低照度极限探测能力，优于 1 lux。

（2）相机实验室辐射标定：光谱辐亮度实验室绝对定标精度优于 7%，相对定标精度优于 4%。

（3）相机内方位元素和相机畸变实验室标定精度：①相机畸变标定精度优于 0.3 个像素；②主距标定精度优于 0.05 mm。

（4）相机内部几何稳定性：在轨工作期间，半年之内因相机畸变变化而引起的边缘视场像点偏移小于 0.3 像元（1σ）。

（5）静态 MTF：0.3。

（6）杂光系数：小于 5%。

（7）压缩：具备图像、视频的无损压缩和压缩倍率可调节模式。

（8）存储容量：不小于 80 GB。

3.4.2　光学系统设计与稳定性优化

1. 光学系统设计

根据任务的技术继承性要求，选用与吉林一号技术验证星一致的规模为 2 048×

2 048 像素的 G400 型 CMOS 探测器。该探测器的像素尺寸为 11 μm。根据该探测器的参数,计算得到光学系统的焦距与视场,同时,对光学系统的相对孔径选择进行了权衡。光学系统的相对孔径越大,衍射受限的传递函数越高,系统也易于获得较高的信噪比,但与此同时,光学系统像差的校正难度、体积和重量也会增大。经综合比较,选择光学系统的相对孔径为 1/2.8。最终得到的光学系统的设计参数包括:①焦距: 55 mm;②对角线视场:32.32°;③相对孔径: 1/2.8。

光学系统的主要形式有折射式系统和反射式系统,根据光学系统指标分解结果,该系统属于中等视场、大相对孔径的光学系统,根据视场和焦距的要求,采用折射式光学系统进行设计。根据视场和相对孔径的要求,选择双高斯形式的光学系统进行优化设计,设计过程中要对系统的畸变进行控制,同时满足像方远心的要求。设计结果如图 3.9 所示。

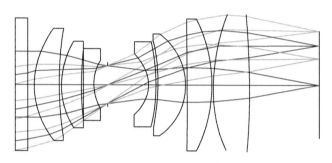

图 3.9　光学系统设计

设计的系统满足像方远心的要求,系统的调制传递函数曲线如图 3.10 所示。

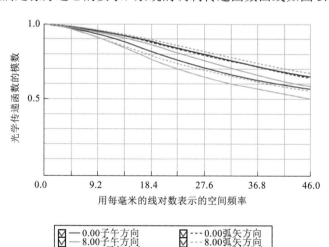

图 3.10　光学系统调制传递函数曲线

系统在奈奎斯特频率处的传递函数优于 0.6,全视场最大畸变小于 0.07%。系统设计满足总体要求。

2. 稳定性优化

为了进行变化分析，夜光遥感相机在不同时间拍摄的影像需要进行配准。影像配准的精度直接影响夜光数据的分析结果。影像配准的精度在很大程度上由系统的主距和畸变稳定性决定。由于微纳卫星体积紧凑，热环境复杂，热控资源有限，必须对主距和畸变的热稳定性进行研究。而传统无热化设计方法更多地是关注成像的传递函数，而很少考虑主距和畸变的热稳定性（An et al.，2015；Jiang et al.，2015；Zhang et al.，2015；Zhao et al.，2014；Jiang et al.，2013；Zhang et al.，2011）。

通过建立主距稳定光学被动式无热化设计数学模型，选择不同材料的正负透镜与机械结构材料相匹配，完成主距稳定的夜光遥感相机设计。在轨测试表明，珞珈一号 01 星相机的几何精度优于 0.2 个像素，光学系统具有较高的分辨率和良好的成像质量，达到了预期的成像要求。

当光学系统的焦距确定时，各光学元件必须满足光焦度分配方程

$$\frac{1}{h_1}\sum_{i=1}^{n}h_i\varphi_i=\varphi \tag{3.1}$$

式中：φ 为整个光学系统的光焦度；φ_i 为第 i 透镜组的光焦度；h_1 为第一近轴光线在第 i 透镜组上的入射高度。

光学系统的色差是影响成像质量的一个重要因素。因此，需要对光学系统的色差进行校正，即需要满足消色差方程

$$\frac{1}{h_1^2\varphi^2}\sum_{i=1}^{n}h_i^2\frac{\varphi_i}{\upsilon_i}=0 \tag{3.2}$$

式中：υ_i 为第 i 透镜组的阿贝数。

对于 n 个薄透镜组，温度焦移系数为 X_f，如下：

$$X_f=f\sum_{i=1}^{n}\frac{X_i}{f_i} \tag{3.3}$$

$$X_i=\frac{1}{f_i}\frac{\partial f_i}{\partial T}=\alpha_{g_i}-\frac{B_{g_i}}{n_i-n_0} \tag{3.4}$$

式中：f 为在标定温度下透镜的主距；f_i 为第 i 透镜的主距；T 为温度；α_{g_i} 为透镜的线膨胀系数；B_{g_i} 为透镜的折射率温度系数；n_i 为第 i 透镜的折射率；n_0 为空间环境的折射率。

当环境温度改变 Δt 时，温度变化引起薄透镜组的温度焦移量为 Δf。从方程（3.5）可知，当确定光学系统的主距和温度范围后，主距 f 和温度变化量 Δt 都为常数。为了保证光学系统的主距不变，则必须满足温度焦移系数为 0，即要满足方程（3.6）。

$$\Delta f=\left|f\cdot X_f\cdot\Delta t\right| \tag{3.5}$$

$$\sum_{i=1}^{n}\frac{1}{f_i}\left(\alpha_{g_i}-\frac{B_{g_i}}{n_i-n_0}\right)=0 \tag{3.6}$$

无热化设计过程中需满足消热差方程，式（3.7）为消热差方程。为了保证光学系统

主距的稳定性，温度焦移量必须为 0。然而，根据无热化设计方程（3.7）可知，如果温度焦移量为 0，则必然会产生温度离焦量。

$$\frac{\partial f}{\partial T} = -\left(\frac{1}{h_1\varphi}\right)^2 \sum_{i=1}^{n}\left(h_i^2 T_i \varphi_i\right) = \alpha_h L \tag{3.7}$$

式中：T_i 为透镜的消热差系数；α_h 为机械结构的热膨胀系数；L 为机械结构件的长度。

为了保证温度离焦量不引起光学系统成像质量的下降，离焦量必须控制在焦深范围内。为了增加无热化设计的自由度，减小光学系统设计的难度，光学系统中各光学元件间的机械结构采用不同的材料进行热补偿。因此，光学系统无热化设计的离焦量需满足

$$\left|\sum_{i=1}^{n} \alpha_{h_i} L_i\right| \leqslant 2\lambda F^2 \tag{3.8}$$

式中：α_{h_i} 为第 i 机械结构材料的热膨胀系数；L_i 为第 i 机械结构件的长度；λ 为中心波长；F 为光学系统的 F 数。

通过以上分析表明，如果要保持光学系统主距的稳定性实现无热化设计，需满足

$$\begin{cases} \dfrac{1}{h_1}\sum_{i=1}^{n} h_i \varphi_i = \varphi \\[2mm] \dfrac{1}{h_1^2 \varphi^2}\sum_{i=1}^{n} h_i^2 \dfrac{\varphi_i}{\upsilon_i} = 0 \\[2mm] \sum_{i=1}^{n} \dfrac{1}{f_i}\left(\alpha_{g_i} - \dfrac{B_{g_i}}{n_i - n_0}\right) = 0 \\[2mm] \left|\sum_{i=1}^{n} \alpha_{h_i} L_i\right| \leqslant 2\lambda F^2 \end{cases} \tag{3.9}$$

当镜头的机械结构材料采用钛合金，如果仅采用传统的光学被动式无热化设计方法进行设计，光学系统主距的变化量随温度的变化关系如图 3.11（a）所示，而采用不同种类材料进行主距热补偿设计后，主距变化结果如图 3.11（b）所示。

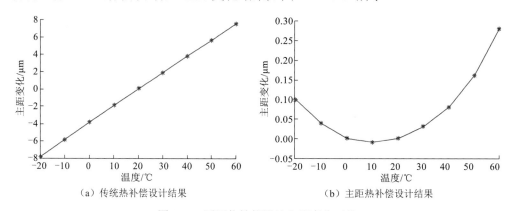

（a）传统热补偿设计结果　　　　　　　　（b）主距热补偿设计结果

图 3.11　不同热补偿设计主距变化对比

图 3.11 表明，温度在 −20～60℃时，光学系统主距的变化量为 −7.8～7.5 μm，即主距的最大变化量为 15.3 μm。而补偿优化后，主距的最大改变量仅为 0.29 μm，热稳定性大

大提升。说明主距热补偿设计效果显著,远
优于传统的光学被动式无热化设计方法。

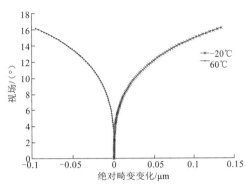

　　对优化设计后的系统畸变随温度的变
化也进行了分析,图 3.12 是−20℃和 60℃时
光学系统的绝对畸变与+20℃时光学系统绝
对畸变量的差随视场的变化关系曲线(参考
波长 650 nm)。图 3.12 表明,温度在−20~
60℃时,光学系统全视场的最大畸变变化量
小于 0.14 μm,对应的几何精度为 0.012 像
素。因此,温度对主距的影响造成系统畸变
的变化可忽略不计。

图 3.12　不同温度的绝对畸变曲线

3.4.3　杂光影响分析与消除

　　杂光是影响光学遥感器成像质量的重要因素之一,对于传统白天工作的遥感器,主
要影响其平均辐射水平和定量精度,但一般不影响目标的探测。对于夜光成像载荷,对杂
光的影响需要深入分析和评估,因为对于低照度、大量级变化光学信号的获取,如果杂光处理不当,有可能导致虚假响应、或者淹没真实灯光信号。特别是,卫星虽然是获取影像,但在相当多的条件下,对高纬度地区成像时,虽然地面处于夜间,但卫星是处于太阳照射区,太阳会成为重要的杂光源,如图 3.13 所示。

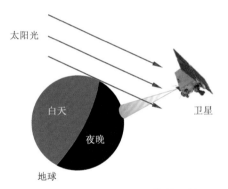

图 3.13　太阳对夜光成像的干扰

　　国外的夜光卫星也报道了受此类杂光影响的问题,例如 Elvidge 等(1997a)利用
DMSP/OLS 数据进行北美地区夜光分析时,对于北纬 20°到 55°的区域,只筛选了 10 月到
次年 3 月的数据,因此除此之外的时间段,该区域的图像均会受到太阳杂光的干扰。Liao
等(2013)也报道了 Suomi NPP 卫星 VIIRS 传感器影像中大量存在受到杂光干扰的现象。

　　正是考虑夜光遥感卫星均面临类似的问题,在珞珈一号 01 星夜光载荷的研制过程中,
从内外部杂光的作用机理出发,进行深入的分析,建立太阳矢量模型,根据轨道仿真分析
数据,提出相应的消杂光措施,包括异形遮光罩和镜头内部结构的消杂光优化。并结合相
机在整星的安装和相机入口附近部件的散射干扰,对真实条件下的杂光性能进行分析,
显示消杂光设计满足要求。卫星发射入轨后,也开展了相应的杂光测试工作,通过对影像
进行分析,进一步证明消杂光措施的有效性,与光轴夹角 52°以上太阳入射情况下,大部
分会被遮挡,少部分散射的杂光低于 10^{-10} 量级,不会影响对地面夜光目标的有效探测。

1. 夜光相机消杂光要求

对夜光遥感载荷而言,主要的杂光辐射源为太阳光、月光和大气漫射光等外部辐射源,通过不同的传递路径到达光学系统的入口,并经光学系统内部多次折反射到达探测器

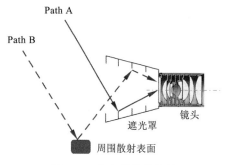

图 3.14　杂光的传输路径

干扰成像。对于珞珈一号 01 星这样的微纳卫星而言,卫星的外表面本身不是很大,而且需要安装各类部件和天线,因此,如图 3.14 所示,相机除了会面临直接入射到遮光罩内的 Path A 类型杂光影响,还将可能受到 Path B 与在对地表面上安装的其他部件的二次散射影响。这两种传递路径都需要在消杂光设计中关注。

太阳光为强度最高的杂光来源,因此可以以太阳光在系统中引起的响应与目标信号响

应进行对比,得到夜光相机的消杂光要求。珞珈一号 01 星夜光相机要求具有 1 lux 的极限探测能力,也就是说杂光辐射到达探测器像元上的照度,需要不影响探测器对 1 lux 的地面目标引起的照度信号的提取。

设待观测目标景物反射率为 ρ,地面照度 E_G 的目标具有朗伯特性,经过大气和相机光学系统传输,在焦平面上光敏元所接收的辐照度由下式(Slater,1980)计算:

$$E_t = \frac{\rho \cdot E_G \cdot \tau_o \cdot \tau_a}{4 \cdot F^2 \cdot K_\lambda} \tag{3.10}$$

式中:τ_o 为光学系统总透过率,约 0.8;τ_a 为大气透过率,根据波段计算结果,取 0.6;F 为相对孔径倒数,对于珞珈相机,此参数为 2.8;K_λ 是光通量和功率的转换因子,按照 550 nm 波长,取 6 831 m/W。因此,对于 1 lux,反射率 ρ 为 0.3 的地面目标,经计算得 $E_t = 6.72 \times 10^{-6}$ W/m²。

镜头的消杂光性能一般由点源透射比(point source transmittance,PST)定义,它通常定义为由离轴角为 β 的点源引起的探测器辐照度和在垂直于该点源的输入孔径上的辐照度之比(Breault,1995)。因此,当太阳入射辐射照度为 E_{sun},与相机光轴夹角为 θ 入射时,到达探测器表面的入射辐照度

$$E_S = E_{sun}\text{PST}\theta \tag{3.11}$$

根据遥感成像辐射质量要求,杂散光能量需要小于成像能量的 3%时,可认定杂光抑制达到标准。即要求

$$E_S < 0.03E_t \tag{3.12}$$

利用太阳光谱辐照度模型进行计算,得到在珞珈相机设计的可见近红外 500~900 nm 波段内,太阳的大气层外辐照度约为 608.6 W/m²,则可得到,在太阳光抑制角为 θ 时,夜光相机的 PST 需要满足

$$\text{PST}\theta < 3.31 \times 10^{-10} \tag{3.13}$$

一般来说,单个透射式镜头,在不包含外部遮光罩的措施情况下,镜头本身的 PST

可以做到 10^{-5} 量级。外部遮光罩可以有单级和多级等形式。多级遮光罩可以完全消除一定离轴角之外的杂光,但是体积会非常庞大,很难在微纳卫星上采用。单级遮光罩一般可以提供两个数量级左右的消杂光能力,使整体的 PST 达到 10^{-7} 量级。但明显地,和本项目夜光相机的要求还是有很大差距。因此,在优化镜头内部消杂光能力的基础上,还需要根据在轨太阳照射的角度条件,设计特殊的异形遮光罩,使一定角度的光(图 3.14 中 Path A 的光线),完全不进入遮光罩内部,从而实现高度消杂光。同时,对于 Path B 的情况,相机在星体上的实际安装也需要充分考虑,要避免其他卫星部件反射杂光进入镜头的情况。

2. 异型遮光罩的设计

珞珈一号 01 星运行于高度 645 km,降交点地方时为 10:30 AM 的太阳同步轨道,在从南到北飞行过程中对地面处于夜间的区域成像,在较高的纬度会受到太阳光的照射。因此,可用于太阳入射方位的计算。通过坐标变化,可以将太阳方位转换到轨道坐标系和卫星本体坐标系上,得到太阳相对于轨道面和卫星本体的入射数据。

根据珞珈一号 01 星的轨道运行参数,以一年为周期,计算得到三种不同任务姿态下,卫星运行一轨,在阳照区内太阳矢量与相机光轴夹角变化情况,如图 3.15 所示。在侧重北半球成像情况下,太阳矢量与相机光轴夹角最小值为 52°。

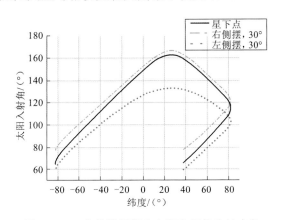

图 3.15　一个轨道周期内太阳和相机光轴夹角

异形遮光罩主要用于规避直接入射到遮光罩的杂光,原理如图 3.16 所示。图 3.16(a)是轴对称遮光罩的情形,可以看到,直接入射杂光经过遮光罩内部结构散射后,会进入镜头的入口,对成像产生干扰。图 3.16(b)是异形遮光罩的情形,实际上就是将轴对称遮光罩斜切了一个角度,这样入射的太阳杂光没有接收面,也就不会产生对成像干扰。

考虑在轨执行任务期间,太阳矢量与相机光轴的角度变化范围,应该尽量保证相机斜遮光罩的切割平面与光轴夹角小于一般在轨任务期间的太阳矢量与相机光轴的夹角。在圆锥形遮光罩基础上沿太阳入射的方向进行切割,切割面与光轴的夹角需要小于 52°,为留有余量,实际取 50°。根据以上分析,太阳矢量与轨道面夹角变化范围在 17°~27°,均

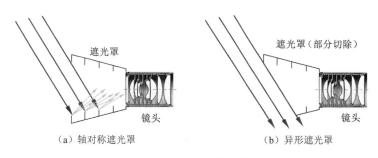

图 3.16 异形遮光罩的原理

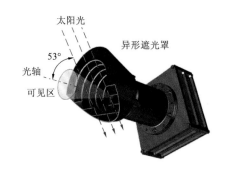

图 3.17 遮光罩外形三维模型

值为 22°，当切割面沿当地轨道坐标系+Z 轴旋转 −22°时，则遮光罩长边面向太阳的概率最大，从而实现最大范围的遮挡太阳光线。

相机遮光罩一方面用来对太阳直射辐射进行遮挡，同时也应该有效对视场外杂散辐射进行抑制。遮光罩整体长度为 58 mm，表面涂高吸收率黑漆（吸收率达到 96%），为了减小 Path B 的环境杂光射辐射，在遮光罩内部设置挡光环，以减小进入成像系统的光能量，如图 3.17 所示。

3. 镜头消杂光优化

对于已经到达镜头入口的杂光，镜头的内部结构的散射特性对入射杂光到探测器的传递有很大的影响。因此，对于 Path B 的环境散射杂光，除在遮光罩上设置必要的挡光环之外，还需要对镜头的内部结构进行优化。镜头内部的杂散光主要由两部分组成，一是透镜端面的反射光，二是经由镜头内机械结构散射造成的散射光，为了降低光学系统的内部杂光影响，主要采用了优化透镜构型及减小镜座散射面积的方式对非目标光线进行抑制。

在具体的镜头内部结构优化中，首先，通过光线追迹确定杂光后向传递的主能量角度，根据该主能量角度，确定每个镜片的杂光入射角，再进行针对性的结构优化。带有异形遮光罩的珞珈一号 01 星相机光学系统原始结构如图 3.18 所示，光学系统采取了双高斯结构。将遮光罩的内表面当作光源，对光学系统进行光线追迹，可以找到杂光入射的主方向和光学系统的敏感关键面，可以看出，在孔径光阑之后的镜片，杂光将直接照射其边缘，很容易产生向焦面的能量传递，因此需要重点考虑其散射特性。

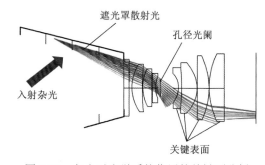

图 3.18 杂光对光学系统作用的关键面分析

基于全反射原理，透镜端面会对超过临界角的光线进行反射，这种杂光属于透镜的内源性杂光，无法通过对镜片外端面涂黑等方式进行抑制，因此针对该种形式的杂光，最简单的方法即扩大透镜口径，同时利用镜座对多余口径进行物理遮拦，使镜头内部的散射光无法到达透镜端面，即截止端面反射光路，具体的形式如图 3.19 的下方圆圈所示。图 3.19（a）的最后两个镜片，为未经优化的端面，杂光会直接向后传递。图 3.19（b）为优化后，透镜的口径增加，并采用工艺螺纹实现杂光抑制。

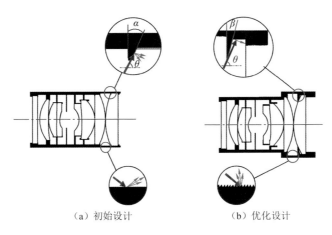

（a）初始设计　　　　　　　　　　（b）优化设计

图 3.19　镜头内部消杂光结构的优化

对暴露于光路中的镜座凸台采用刃边设计形式，从而减少发生二次散射关键面的面积。将刃边的角度按照光线入射至光阑的角度进行设计，从而使散射至成像光路的光线能量最小。具体的微观结构形式如图 3.19 上方圆圈所示。当 $\alpha+\theta>90°$时，即入射杂散光与镜座倒角面的法线呈锐角，杂散光会被镜座散射至成像光路中；而当 $\beta+\theta<90°$时，即该入射角为钝角时，杂散光会通过透镜后直接被机械结构截止，可最大限度上限制镜头内杂散光的传递路径。

对优化前后的镜头进行杂光分析的结果如图 3.20 所示，该结果只包含了镜头本身，没有包含外遮光罩。可以看出，通过优化，在大部分的轴外区域，镜头的 PST 减小了一个数量级左右，说明镜头内部的结构优化措施有效。

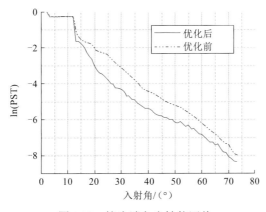

图 3.20　镜头消杂光性能评估

4. 基于整星环境的 PST 分析

由于珞珈一号 01 星是一颗体积很小的微纳卫星，外表面提供的安装面积有限，测控天线和 GPS 天线距离相机较近。相机安装到整星后，太阳辐射或地气光经过周围环境部件反射或散射以后可能进入相机，对成像造成影响，如图 3.21 所示。在图 3.21 的局部放大图中，使用了一个与相机入口平面相平行的半透明的辅助平面进行星体部件可见性分析，可以看到，GPS 天线和测控天线的一部分确实对于相机入口可见，也存在散射杂光进入相机的路径。因此，在整星条件下进行系统的杂光分析是有必要的，可以更精确地评估相机的真实杂光规避能力。

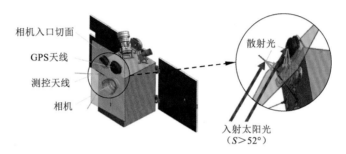

图 3.21　安装环境对相机杂光响应的影响

为了更加精确，利用整星模型对杂光性能进行评估，得到相机模型及相机在整星安装条件模型下的 PST 曲线如图 3.22 所示，与一般的 PST 曲线呈单调下降不同，可以看到有许多局部的突起，这些突起正是由周围部件的散射造成的。可以看到在太阳入射的范围内，杂光小于 10^{-10} 量级，满足使用的要求。

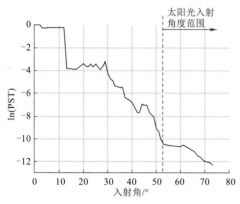

图 3.22　整星模型下的 PST 曲线

为验证夜光相机的杂光消除效果，卫星发射后，开展了专门的在轨杂光测试试验。如图 3.23 所示是 2018 年 6 月 21 日对高纬度的莫斯科区域的夜光框幅推扫成像结果。在成像期间，卫星一直处于被太阳照射的状态。利用卫星的姿态机动，在成像期间，太阳相对于相机光轴的入射角持续减小。当杂光引起的响应超过探测器灵敏度阈值时，影像的灰度会增加。因此，利用影像中灯光稀少区域的平均灰度值，可以评价杂散光的响应程度。当太阳入射角为 57° 时，图 3.23（a）的灰度值仅为 8.6（12 位量化，下同），这个灰度等级和卫星在阴影区时拍摄的完全无杂光影响的无灯光区域影像基本在同一量级，因此可以判断该影像未受杂光影响。当太阳入射角变为 52° 时，如图 3.23（b）所示，影像的灰度值略有提升，变化为 16.1，影像中也没有明显的亮度提升。但当太阳入射角减小到 47° 时，影像中心区域的灰度值迅速达到

105.3，边缘区域达到 277.6，表明受到了杂光的严重影响。这些在轨测试影像，证明了异形遮光罩的设计对于杂光的规避十分有效，其不同角度的表现与设计相符。

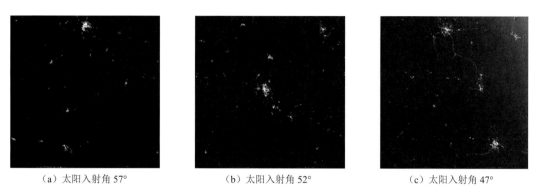

　　（a）太阳入射角 57°　　　　　　　（b）太阳入射角 52°　　　　　　（c）太阳入射角 47°

图 3.23　莫斯科区域（北纬 55°）夜光影像的不同帧

3.4.4　高动态成像焦面处理

1. 焦面处理概述

　　珞珈一号 01 星夜光相机采用将成像、压缩、存储等功能进行一体化处理的设计思想，将成像板和数据处理板合二为一，形成整体设计。这种设计方式可以有效减小相机对于体积和重量的要求，对于微小卫星平台应用具有重要意义。

　　相机的控制中心采用现场可编程门阵列（field programmable gate array，FPGA），在 FPGA 控制下，实现图像数据的接收与转发，ADV212 的配置与数据流管理，固态盘存储管理及整个系统对外的通信管理。

2. 高动态图像的实现

　　夜间不同目标的亮度有很大的差异，这就要求相机具有较高的动态范围来获取更多的场景信息。为了提高相机的动态范围，设计了高动态模式。所采用的方法是所有像素在一次成像中都可以输出不同增益的灰度值，即同时获得场景的高增益图像和低增益图像。通过对相机输出的高增益和低增益图像进行重构，得到高动态范围的图像。根据相机的特点，当高增益图像的输出值小于阈值时，认为它位于传感器的线性区域，即高增益输出是有效的。当高增益图像的 DN 值大于 T_H 时，高增益图像数据无效。使用相应的低增益图像输出值进行转换。具体实现方法如下：

$$Y_{HDR} = \begin{cases} Y_H, & Y_H \leqslant T_H \\ aY_L - b, & Y_H > T_H \end{cases} \tag{3.14}$$

式中：a 为增益倍数，$a = \dfrac{K_H}{K_L}$；Y_H, Y_L 为高、低增益的像素输出值；K_H, K_L 为高、低增益的转换系数；H、L 为高、低增益暗场偏置；T_H 为高、低增益转换阈值。

　　根据传感器的特性，选择的阈值为 3 800 DN。图 3.24 为拍摄的中国上海市高、低增益的原始图像和重构后的图像。

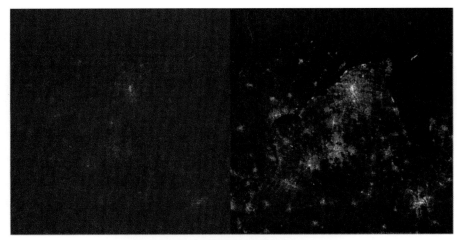

（a）低增益和高增益的原始图像

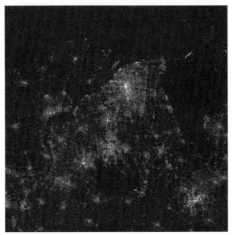

（b）高、低增益联合重构的高动态图像

图 3.24　高动态图像的重构过程（以上海夜光图像为例）

3.4.5　成像传函与信噪比的在轨测试

空间相机的传函是表征相机成像锐利程度的重要参数，遥感影像在轨调制传递函数的主要测试方法有点脉冲法、线脉冲法及刃边法。根据珞珈一号 01 星夜光相机的成像特点，采用基于线目标的线扩散函数对调制传递函数进行计算。

对影像中的长直桥梁目标进行分析，如图 3.25 所示。对图像进行插值，并进一步对线扩散函数（line spread function，LSF）提取，通过线扩散函数微分得到传函。

通过选择不同目标，将计算结果进行平均，得到夜光相机在轨的动态传函为0.17，如图 3.26 所示，表明夜光相机具有优良的图像锐利程度。

图 3.25　夜光图像中的线目标

在对空间相机进行信噪比评价的过程
中,传统基于图像的信噪比测试要求图像中
一个均匀的区域。然而,这在夜光图像中并
不容易实现。传统方法利用了传感器噪声的
空间分布特性,而与真实信号相比,噪声既
具有随空间分布的起伏特性,也具有随时间
的起伏特性。因此,提出一种基于时间序列
图像的信噪比计算方法。具体方法如下:

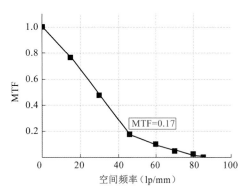

图 3.26　夜光相机在轨动态传函曲线

(1)通过调整相机的帧频,使得两帧图
像之间具有较高的重叠率;

(2)通过图像配准,得到同一目标点的多帧曝光图像,在时间序列上分别计算信号和
噪声;

(3)根据绝对辐射标定数据,得到信噪比与辐射强度的关系曲线。

在假设所观测到的照度为 E 的夜光目标具有朗伯反射率特性条件下,当大气透过
率为 τ,目标反射率为 ρ,则可以得到相机入射光瞳的亮度与物体照度之间的关系。公式
如下:

$$L = \frac{E \times \rho \times \tau}{\pi \times K_\lambda} \tag{3.15}$$

式中:K_λ 为视觉函数,与光源的光谱分布有关。

信噪比测试结果如图 3.27 所示。

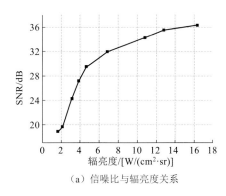

(a)信噪比与辐亮度关系

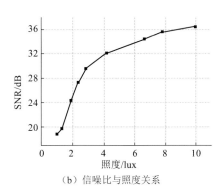

(b)信噪比与照度关系

图 3.27　不同辐亮度/光照度条件下的成像信噪比

可以看出,在 10 lux 光照度的条件下,获得的图像信噪比能够达到 35.5 dB 以上,满
足任务要求。

第 4 章

珞珈一号 01 星夜光成像任务规划

珞珈一号 01 星测控系统的核心任务是面向科学试验目标,制订科学的夜光成像任务计划。珞珈一号 01 星科学试验的一个重要目标是快速获取全国夜光一张图,用于社会经济参数分析等领域。本章在提出区域覆盖率计算等任务规划预处理方法基础上,特别针对珞珈一号 01 星功能受限(每个圈次仅能执行一次成像或数传任务)、单站测控接收(武汉站)特点,提出面阵卫星区域多轨拼接成像任务调度方法,为全国夜光一张图的获取提供核心支撑。此外,在卫星在轨运行过程中,针对应急成像需求,提出成像时间窗口的快速预报方法,有效实施应急成像规划。

4.1　卫星区域目标成像任务规划

由于珞珈一号 01 星幅宽为 260 km，对大区域成像时，需要采取多条带拼接方式。针对多条带拼接覆盖率计算，提出区域覆盖快速计算方法；在对敏捷卫星多轨区域目标拼接成像任务进行形式化描述的基础上，构建珞珈一号 01 星的多轨成像侧摆角优化模型，并提出粒子群（particle swarm optimization，PSO）与差分进化（differential evolution，DE）混合的 PSODE（particle swarm optimization-differential evolution）算法求解优化模型；最后介绍珞珈一号全国一张图成像任务规划方案。

4.1.1　区域目标覆盖率快速计算

区域目标覆盖率是指目标区域和有效成像区域之间的关系，是评价区域目标覆盖效果的重要指标。传统方法通常使用网格点计算方法，但是该方法无法兼顾计算效率和精度，不利于区域目标模型的求解，针对网格点方法存在的问题，本小节提出基于矢量多边形逻辑运算的区域目标覆盖率快速计算方法。

1. 矢量多边形逻辑运算方法

矢量多边形逻辑运算方法的本质是基于计算机图形学的裁剪算法。常用的 Sutherland-Hodgman 算法（Holland，1975）和 Cyrus-Beck 算法（Cyruset al.，1978），仅适用于凸多边形间的逻辑运算，不适用于凹多边形。由于多个成像条带与目标区域多边形的逻辑运算可能存在凸多边形、凹多边形或含洞多边形，采用 Vatti 算法（Max，2005；Vatti，1992）实现复杂多边形的逻辑运算。

Vatti 算法核心思想是：首先根据多边形顶点坐标的局部最大、最小值，将多边形进行重定义，把每个多边形划分为左、右两个边界对来描述；然后定义多边形求交、求并等逻辑运算规则；再在两条扫描线组成的 Scan-beams 区域内根据求交、求并规则动态更新进行逻辑运算后的多边形边界对，最终获得新的多边形顶点。

Vatti 多边形逻辑运算算法

Input:　subjectP(覆盖条带多边形), clipP(目标多边形).
Output:　PL(多边形顶点集).
real list　　SBL ;　　　{an ordered table of distinct reals thought of as a stack}
bound pair list LML;　{a list of pairs of matching polygon bounds }
edge list　　AEL;　　{a list of nonhorizontal edges ordered by x-intercept
　　　　　　　　　　　　with the current scan line}
polygon list　PL;　　{ the finished output polygons are stored here as algorithm progresses}
Function Vattic_Clip(polygon subjectP, polygon clipP)

```
begin
    real yb, yt;
    Initialize LML, SBL to empty;
    UpdateLMLandSBL(subjectP, subject);        {define LML and the initial SBL}
    UpdateLMLandSBL(clipP, clip);
    Initialize PL, AEL to empty;
    yb :=PopSBL() ;                            {bottom of current scanbeam}
    repeat
        AddNewBoundPairs(yb);                  {modifies AEL and SBL}
        yt :=PopSBL();                         {top of current scan beam}
        ProcessIntersection(yb, yt);
        ProcessEdgesAEL(yb, yt);
        yb :=yt;
    until Empty(SBL);
    return(PL);
end
```

Vatti 算法的求交规则分为 Unlike edges 和 Like edges 两种情况，Unlike edges 表示求交的两条边属于不同类型多边形如 subject 类型多边形（对应成像条带多边形）和 clip 类型多边形（对应区域目标多边形）；Like edges 表示两条边属于相同类型多边形，求交结果（红色线条）如图 4.1 所示。

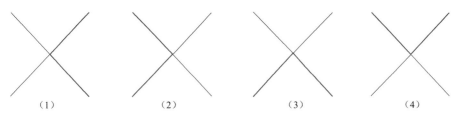

　　　（1）　　　　　　　（2）　　　　　　　（3）　　　　　　　（4）

图 4.1　求交结果示意图

Unlike edges 求交规则如下：
（1）(LC∩LS) or (LS∩LC)=LI
（2）(RC∩RS) or (RS∩RC)=RI
（3）(LS∩RC) or (LC∩RS)=MX
（4）(RS∩LC) or (RC∩LS)=MN
Like edges 求交规则如下：
（5）(LC∩RC) or (RC∩LC)=LI and RI
（6）(LS∩RS) or (RS∩LS)=LI and RI
求并规则：

（1）(LC∪LS) or (LS∪LC)=LI

（2）(RC∪RS) or (RS∪RC)=RI

（3）(LS∪RC) or (LC∪RS)=MN

（4）(RS∪LC) or (RC∪LS)=MX

规则中：L、R 分别为左、右边；S、C 分别为 subject 类型多边形和 clip 类型多边形；MN、MX 分别为局部最小值和局部最大值；LI 和 RI 分别为左中间点和右中间点。算法操作实例如图 4.2 所示，点 A、B、C、D 为交点，分别采用了求交规则（1）（2）（3）（2）。通过 Vatti 算法进行多边形逻辑运算，可得到有效覆盖多边形的顶点坐标集。

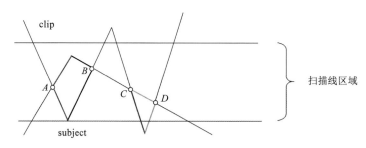

图 4.2　多边形求交过程示意图

基于矢量多边形逻辑运算的区域目标覆盖率计算方法的主要流程为：先根据成像几何关系，计算卫星每个轨道弧段对应的成像条带边界，再对多个条带组成的覆盖区域与目标区域进行逻辑运算，获得有效覆盖区域的边界点对，最后求得覆盖率。

根据中心投影几何关系，可由卫星位置、速度和侧摆角，确定成像中心到面阵传感器 4 个角点的特征光线与地表的交点（对线阵传感器而言，可确定成像中心到传感器 4 个角点的特征光线与地表的交点），获得每个时刻卫星的瞬时覆盖区域，进而求得每个矩形条带角点的坐标。

由于矢量多边形逻辑运算方法是以计算机图形学方法实现，多边形顶点坐标须以整型数来实现，需将多边形的顶点坐标转化为整型数，其计算精度取决于浮点数的单位及浮点数转为整型数的舍入误差。为保证覆盖多边形求解的精度，将经高斯投影后的成像区域多边形顶点坐标单位转化为 mm，再进行取整操作，保证取整操作引起的坐标精度损失小于 1 mm。

基于矢量多边形逻辑运算的区域目标覆盖率计算过程包括三个步骤：

（1）成像条带多边形求并生成覆盖多边形；

（2）覆盖多边形与目标区域多边形求交生成有效覆盖多边形；

（3）区域目标覆盖率计算。

在有效覆盖多边形的面积计算中，首先将多边形剖分成若干个三角形，然后采用向量积的方法逐个求得三角形面积，最后求和。计算公式为

$$S = \left[\left(\sum_{1}^{n-1} \begin{vmatrix} x_i & y_i \\ x_{i+1} & y_{i+1} \end{vmatrix} \right) + \begin{vmatrix} x_n & y_n \\ x_1 & y_1 \end{vmatrix} \right] / 2 \tag{4.1}$$

式中：x_i、y_i 为第 i 个点的平面坐标；n 为剖分三角形的个数。

2. 覆盖率快速计算算例分析

为验证覆盖率计算算法通用性，区域覆盖率计算仿真实验中的目标区域为北半球的一个矩形区域，4 个顶点的经纬度分别为（−61.275 4°, 43.221 8°）、（−56.724 6°, 43.221 8°）、（−56.724 6°, 42.778 2°）、（−61.275 4°, 42.778 2°）。卫星轨道及传感器相关参数如表 4.1 所示，该卫星通过多次过境完成覆盖任务。仿真起始时刻为 2017 年 3 月 1 日 4:00:00（UTCG），终止时刻为 2017 年 3 月 6 日 4:00:00（UTCG）。

表 4.1　轨道和传感器参数

卫星参数名称	参数
半长轴/km	1 765
偏心率	0.001
轨道倾角	45°
升交点赤经	70°
近地点角	43°
真近点角	0°
传感器垂轨向半视场角 V	1.8°
传感器沿轨向半视场角 H	1.35°
卫星最大侧摆角	45°

采用上述实验数据，对在成像时间窗口内的 19 个弧段分别采用网格点法和矢量多边形逻辑运算法计算覆盖率。为验证计算结果的准确性，将以上结果与 STK 软件的 Coverage 模块计算结果对比（网格密度设置为 0.01°经度差×0.01°纬度差）。实验结果如表 4.2 所示。

表 4.2　覆盖率计算实验结果

覆盖率计算方法	覆盖率/%	计算耗时/s
STK	55.34	188.180
网格点计算	56.05	12.247
提出方法	55.29	0.015

由表 4.2 可知，两种覆盖率计算方法的结果均与 STK 计算结果接近，差别主要在于计算的时间消耗。笔者提出的方法计算效率相对网格点法提升了三个数量级，可大幅提高优化的效率。

4.1.2　多轨拼接成像任务规划问题描述

多轨多条带拼接成像模式是实现单卫星大区域目标成像的有效方法之一。多轨多条带拼接成像模式的主要特点是增加带有成像时间窗口的轨道,充分发挥敏捷卫星的周期性和重访性,使多条轨道上的卫星能够周期性地同向推扫成像。如图 4.3 所示,卫星在完成一条轨道成像条带的扫描后,卫星继续沿轨道运动并进行相应的侧摆角机动调整,在下一条有效轨道重复推扫成像过程。借用这种方式,能够获取多个拥有各种条带长度、幅宽的多个地面影像条带,结合观测目标的形状和大小,能够根据需要进行扫描拼接。

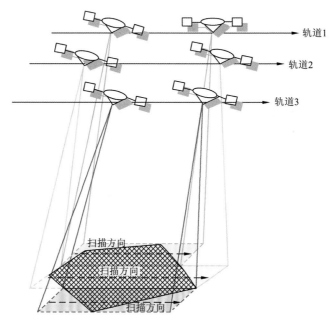

图 4.3　多轨区域目标多条带拼接成像模式示意图

多轨多条带拼接成像模式的主要优势在于对单星能够有效运用卫星轨道的周期性,对于多星能够有效利用卫星的协同能力以快速相应任务需求,在多轨条件下实现最大程度的有效覆盖。将单星多轨条件的大区域目标成像转化为多轨多条带的组合优化问题即成像侧摆角优化问题,并提出动态区域覆盖率模型,通过优化求解算法得到有效的多条带成像时间和侧摆角序列。

4.1.3　区域拼接目标任务建模

将区域目标成像问题转化为与侧摆角相关的多决策变量连续优化问题,将每条轨道的侧摆角作为优化模型的决策变量,覆盖率作为目标函数;利用轨道与目标的成像几何关系确定每条轨道弧段侧摆角的上下界,最后采用全局优化算法求解。

侧摆角优化模型如下:

$$\begin{cases} \max \cdot f(x) = \dfrac{S_{\text{cov}}(x)}{S_{\text{obj}}} \\ x = (x_1, x_2, \cdots, x_n) \\ x_i \in [l_i, u_i] \end{cases} \qquad (4.2)$$

式中：x 为决策变量；x_i 为第 i 条轨道弧段侧摆角；$S_{\text{cov}}(x)$ 为有效覆盖区域面积；S_{obj} 为目标区域面积；n 为轨道弧段条数；l_i、u_i 为第 i 条轨道弧段侧摆角的上下界。其中 $S_{\text{cov}}(x)$、S_{obj} 在侧摆角确定时均可由卫星与条带的成像几何关系和区域目标覆盖率计算方法求得。

为缩小侧摆角的搜索范围，可利用卫星轨道与目标区域的相对关系，确定每个弧段对目标区域成像时的最大、最小侧摆角。首先根据每个弧段卫星的星下点轨迹与目标区域的位置关系，判断目标多边形与星下点轨迹距离的最大值，分别记录为 $U_{\max}$、$L_{\max}$，如图 4.4 所示；再根据卫星轨道和相机视场角，确定卫星对此两点成像时所需的视场角 u、l，若 u、l 大于卫星最大侧摆角 $\text{Roll}_{\max}$，则令 u、l 等于 $\text{Roll}_{\max}$。

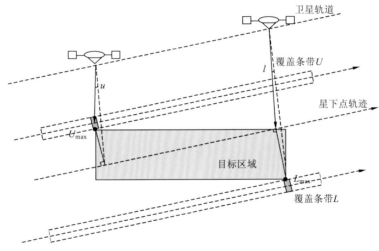

图 4.4　侧摆角上下界确定示意图

由上述模型可以看出，目标函数为非凸问题。难以根据凸函数的性质使用如梯度下降法、最小二乘法、线性规划等优化算法求解。解决此类问题常用方法是使用全局搜索方法，这类方法只需要计算目标函数值，不需要对目标函数求导，能够在整个可行域中开展搜索，找到极值，其结果足以满足珞珈一号 01 星全国成像的工程需要。

4.1.4　模型求解算法

综合考量现有的全局搜索优化算法的性能和应用效果，采用基于粒子群优化算法和差分进化算法混合的算法对模型进行求解。

1. 粒子群优化算法

粒子群优化算法是一种随机搜索方法，由 Kennedy 等于 1995 年提出。该算法旨在模拟动物或昆虫的社会行为,如蜂群、鸟群等的形成过程。采用粒子群优化算法求取目标函数极值点的过程描述:首先,在可行域中随机产生一组数据点,为每个点赋予一个速度,构成一个速度向量,这些点视为粒子所在的位置,以指定的速度运动;接下来,针对每个数据点计算对应的目标函数值;基于计算结果,产生一组新的数据点,赋予新的运动速度,每个粒子都持续跟踪其当前为止的最好位置,截止到当前,它所经历的最好的位置(从目标函数值大小的意义上而言)。称这种某个粒子相关的当前为止最好的位置为个体最好位置 pbest。对应地,全局当前为止最好位置(截止到当前,种群中所有点的个体最好位置中的最好位置)指的是全局最好位置 gbest。

根据粒子的个体最好位置和群的全局最好位置,调整每个粒子的运动速度,以此实现粒子的“信息交流”。在粒子群优化算法中,每次迭代产生两个随机数,分别作为个体最好位置 pbest 和全局最好位置 gbest 的权重,以此构成 pbest 和 gbest 的一个组合值,可称为速度的随机项;再加上权后的原有速度,可以实现对速度的更新。因此,粒子在个体最好位置和整个群的全局最好位置的共同作用下,朝着某个方向运动。算法的停止规则为达到预设的迭代次数,或者目标函数达到了某个值。

粒子群优化算法在每次迭代中,粒子速度都朝着个体最好位置和全局最好位置调整。令 $f: R^n \to R$ 表示需要进行最小化的目标函数。d 表示群体的容量,群中各粒子的索引为 $i = 1, 2, \cdots, d$。$\boldsymbol{x}_i \in R^n$ 表示粒子 i 的位置,对应速度为 $\boldsymbol{v}_i \in R^n$。$\boldsymbol{p}_i$ 表示粒子 i 的 pbest,相应的,$\boldsymbol{g}$ 表示 gbest。基本粒子群优化算法步骤如下。

(1)令 $k := 0$。随机产生一个初始的粒子群,即产生 d 个粒子的位置 $\boldsymbol{x}_i^{(0)}$ 及其对应的速度 $\boldsymbol{v}_i^{(0)}$,$\boldsymbol{p}_i^{(0)} = \boldsymbol{x}_i^{(0)}$,$i = 1, 2, \cdots, d$;令 $\boldsymbol{g}^{(0)} = \arg\min_{\boldsymbol{x} \in \{\boldsymbol{x}_1^{(0)}, \cdots, \boldsymbol{x}_d^{(0)}\}} f(\boldsymbol{x})$。

(2)针对每个 $i = 1, 2, \cdots, d$,随机产生两个 n 维向量 $\boldsymbol{r}_i^{(k)}$ 和 $\boldsymbol{s}_i^{(k)}$,按照均匀分布的原则抽取区间(0,1)中的随机数,构成这两个向量的元素。令

$$\boldsymbol{v}_i^{(k+1)} = \omega \boldsymbol{v}_i^{(k)} + c_1 \boldsymbol{r}_i^{(k)} \cdot \left(\boldsymbol{p}_i^{(k)} - \boldsymbol{x}_i^{(k)} \right) + c_2 \boldsymbol{s}_i^{(k)} \cdot \left(\boldsymbol{g}^{(k)} - \boldsymbol{x}_i^{(k)} \right)$$

$$\boldsymbol{x}_i^{(k+1)} = \boldsymbol{x}_i^{(k)} + \boldsymbol{v}_i^{(k+1)}$$

(3)针对每个 $i = 1, 2, \cdots, d$,如果 $f\left(\boldsymbol{x}_i^{(k+1)}\right) < f\left(\boldsymbol{p}_i^{(k)}\right)$,令 $\boldsymbol{p}_i^{(k+1)} = \boldsymbol{x}_i^{(k+1)}$;否则,令 $\boldsymbol{p}_i^{(k+1)} = \boldsymbol{p}_i^{(k)}$。

(4)如果存在 $i \in \{1, 2, \cdots, d\}$,使得 $f\left(\boldsymbol{x}_i^{(k+1)}\right) < f\left(\boldsymbol{g}^{(k)}\right)$,则令 $i^* = \arg\min_i f\left(\boldsymbol{x}_i^{(k+1)}\right)$,$\boldsymbol{g}^{(k+1)} = \boldsymbol{x}_{i^*}^{(k+1)}$;否则,令 $\boldsymbol{g}^{(k+1)} = \boldsymbol{g}^{(k)}$。

(5)如果满足停止条件,就停止迭代。

(6)令 $k = k + 1$,回到(2)。

(7)该算法中,参数 ω 表示惯性参数,建议取小于 1 的值。参数 c_1 和 c_2 决定了粒子趋向于“好位置”的程度,分别表示来自“认知”和“社会”部分的影响因素,即粒子本身最好位置和全局最好位置对其运动的影响。建议取值 $c_1 = c_2 \approx 2$。

2. PSODE 算法

结合粒子群算法和差分进化算法的不同特性,提出基于粒子群和差分进化混合的

PSODE 算法来求解异轨大区域目标规划模型。PSODE 算法的伪代码描述如下。

Algorithm 2: PSODE

Input: Population size Np, objective function f,

Upper bound variables U={μ_1, μ_2, ⋯, μ_d};

Lower bound variables L={l_1, l_2, ⋯, l_d};

Output: The best objective function value of f_{best}

Initialize a population pop that contain Np particles with random positions. Note that each particle is clamped within [L, U];

Set velocity of each particle equal to zero;

Evaluate f for all particles;

pbest = pop;

foreach Generation do

PSO operation, get pbest;

foreach pbest do

DE operation, update pbest;

f_{best} equals the obejiective function value of pbest;

end

end

return f_{best}

PSODE 算法可划分为两个过程,首先对每代种群进行粒子群算法相关操作,然后对其操作产生的结果进行二次 DE 优化适当改进 DE 的扰动系数 F 和交叉概率 C_r,增加了种群的多样性和随机搜索效率,提升标准 PSO 算法的全局搜索能力。

4.1.5 全国夜光一张图任务规划

珞珈一号 01 星论证阶段,按照卫星科学试验目标,对全国夜光一张图成像任务规划方案进行了仿真分析;卫星进入工程实施阶段后,根据卫星搭载发射情况变更,采用项目提出的拼接成像任务规划方法,于 2018 年 10 月顺利完成了全国夜光一张图的成像。

1. 仿真分析

2017 年开始,按照初期设计轨道高度 500 km 太阳同步轨道,基于仿真对全国成像任务进行了仿真试验。

仿真表明:①卫星每月有效轨道数量和全国区域覆盖率基本一致,在无任何姿态规划即仅对星下成像的情况下完成的覆盖情况如表 4.3 所示;②在 2017 年内卫星每月覆盖率和有效轨道数量如图 4.5 所示,平均轨道数据量为 88 条,平均月覆盖率 55.478 3%,需对卫星进行成像任务规划。

表 4.3　珞珈一号 01 星无姿态规划每年区域覆盖情况表

时间段（UTCG）	99%覆盖	100%覆盖
2017/1/1～2018/1/1	8 个月 19 天	9 个月零 7 天
2017/5/1～2018/5/1	7 个月 16 天	8 个月

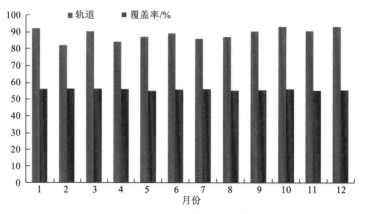

图 4.5　2017 年每月覆盖率和轨道数量图

仿真试验中，珞珈一号 01 星选取太阳同步轨道，轨道高度为 500 km，传感器垂轨向和沿轨向半视场角均为 11.309 9°，最大侧摆角为 45°，仿真时间为 2017 年 5 月 1 日（UTCG）至 2017 年 6 月 1 日（UTCG），每日时间选取 6:00:00PM～6:00:00AM。考虑夜间气象因素可能影响成像效果（成功概率约为 1/3），实现 3 次全国夜间覆盖后才能实际完成一次全国覆盖。

经过多次仿真试验发现，当轨道资源数量接近 27 时，其区域覆盖率能够达到 99%。在此选取三组轨道资源进行试验，轨道数量分别为 27、30、33，分别用 PSODE 算法求解 5 次。仿真试验结果如表 4.4 所示。

表 4.4　珞珈一号 01 星侧摆角规划区域覆盖仿真结果表（2017 年）

时间段	轨道数量	1 次/%	2 次/%	3 次/%	4 次/%	5 次/%	平均覆盖率/%	最大覆盖率/%
5/1～5/9	27	99.44	98.40	98.60	99.23	97.73	98.68	99.44
5/10～5/18	27	98.05	98.99	98.86	99.38	98.97	98.85	99.38
5/19～5/27	27	98.54	98.77	98.65	98.85	98.61	98.69	98.85
5/1～5/10	30	99.70	99.71	98.98	99.70	99.68	99.55	99.71
5/11～5/20	30	99.63	99.52	99.56	99.67	99.82	99.64	99.82
5/21～5/30	30	99.63	99.58	99.62	99.73	99.57	99.63	99.73
5/1～5/11	33	99.89	99.89	99.90	99.88	99.73	99.86	99.90
5/12～5/22	33	99.74	99.69	99.83	99.65	99.85	99.75	99.85
5/21～5/31	33	99.61	99.94	99.51	99.84	100.00	99.78	100.00

由表 4.4 可知,如果忽略气象因素,通常认为区域覆盖率达到 99%便能达到完全覆盖,则轨道资源数量至少为 30,周期为 10 天。若考虑气象因素,完成 3 次全国覆盖概率意义上能够实际完成一次全国区域的夜间覆盖,时间周期为 30 天。其中一组覆盖率结果为 99.71%、99.82%、99.73%,其对应的成像时间及侧摆角序列如表 4.5～表 4.7 所示。

表 4.5　5/1～5/10 成像时间及侧摆角序列表

轨道	成像时间段（GMT）		侧摆角	轨道	成像时间段（GMT）		侧摆角
1	2017/5/1	14:24:33	−5.05°	15	2017/5/5	17:46:16	24.75°
		14:27:31				17:56:16	
2	2017/5/1	15:52:20	−24.92°	16	2017/5/6	14:24:44	−24.10°
		16:03:05				14:27:45	
3	2017/5/1	17:27:13	24.35°	17	2017/5/6	15:52:34	−3.10°
		17:37:20				16:03:18	
4	2017/5/2	15:33:18	−27.47°	18	2017/5/6	17:27:27	2.31°
		15:44:08				17:37:34	
5	2017/5/2	17:08:21	−0.60°	19	2017/5/7	15:33:31	−6.25°
		17:18:37				15:44:22	
6	2017/5/2	18:42:34	21.98°	20	2017/5/7	17:08:35	22.48°
		18:48:03				17:18:50	
7	2017/5/3	15:14:13	−10.33°	21	2017/5/7	18:42:47	−6.97°
		15:25:08				18:48:13	
8	2017/5/3	16:49:28	−4.06°	22	2017/5/8	15:14:27	−30.06°
		16:59:51				15:25:22	
9	2017/5/3	18:23:50	24.75°	23	2017/5/8	16:49:41	19.06°
		18:33:16				17:00:05	
10	2017/5/4	14:55:07	−12.28°	24	2017/5/8	18:24:03	2.68°
		15:06:05				18:33:27	
11	2017/5/4	16:30:32	13.38°	25	2017/5/9	14:55:20	−28.05°
		16:41:03				15:06:18	
12	2017/5/4	18:05:04	25.70°	26	2017/5/9	16:30:45	−8.43°
		18:14:55				16:41:16	
13	2017/5/5	14:39:23	−10.39°	27	2017/5/9	18:05:17	3.64°
		14:46:57				18:15:08	
14	2017/5/5	16:11:34	−15.24°	28	2017/5/10	14:39:33	−27.40°
		16:22:12				14:47:11	

轨道	成像时间段（GMT）		侧摆角	轨道	成像时间段（GMT）		侧摆角
29	2017/5/10	16:11:47	7.61°	30	2017/5/10	17:46:30	3.33°
		16:22:25				17:56:29	
覆盖率/%	99.71						

表 4.6　5/11～5/20 成像时间及侧摆角序列表

轨道	成像时间段（GMT）		侧摆角	轨道	成像时间段（GMT）		侧摆角
31	2017/5/11	14:24:55	−28.48°	44	2017/5/15	16:12:00	23.96°
		14:27:58				16:22:39	
32	2017/5/11	15:52:47	−33.09°	45	2017/5/15	17:46:43	13.25°
		16:03:32				17:56:42	
33	2017/5/11	17:27:40	5.85°	46	2017/5/16	14:25:06	−12.66°
		17:37:47				14:28:12	
34	2017/5/12	15:33:45	−29.10°	47	2017/5/16	15:53:00	−4.17°
		15:44:35				16:03:45	
35	2017/5/12	17:08:48	−18.55°	48	2017/5/16	17:27:53	−14.79°
		17:19:03				17:38:00	
36	2017/5/12	18:43:01	16.13°	49	2017/5/17	15:33:58	−9.91°
		18:48:23				15:44:48	
37	2017/5/13	15:14:40	−8.02°	50	2017/5/17	17:09:01	28.98°
		15:25:35				17:19:16	
38	2017/5/13	16:49:54	−34.30°	51	2017/5/17	18:43:14	33.72°
		17:00:18				18:48:32	
39	2017/5/13	18:24:17	18.28°	52	2017/5/18	15:14:54	−29.88°
		18:33:38				15:25:49	
40	2017/5/14	14:55:34	−3.81°	53	2017/5/18	16:50:08	29.93°
		15:06:32				17:00:31	
41	2017/5/14	16:30:58	29.76°	54	2017/5/18	18:24:30	−3.82°
		16:41:30				18:33:49	
42	2017/5/14	18:05:31	−5.68°	55	2017/5/19	14:55:47	−24.28°
		18:15:21				15:06:45	
43	2017/5/15	14:39:42	−29.90°	56	2017/5/19	16:31:12	−33.00°
		14:47:24				16:41:43	

轨道	成像时间段（GMT）		侧摆角	轨道	成像时间段（GMT）		侧摆角
57	2017/5/19	18:05:44	17.42°	59	2017/5/20	16:12:14	−32.89°
		18:15:34				16:22:52	
58	2017/5/20	14:39:52	−13.85°	60	2017/5/20	17:46:56	−7.87°
		14:47:38				17:56:55	
覆盖率/%				99.82			

表 4.7　5/21～5/30 成像时间及侧摆角序列表

轨道	成像时间段（GMT）		侧摆角	轨道	成像时间段（GMT）		侧摆角
61	2017/5/21	14:25:16	−12.13°	73	2017/5/25	14:40:02	−31.52°
		14:28:25				14:47:51	
62	2017/5/21	15:53:14	−6.51°	74	2017/5/25	16:12:27	−6.46°
		16:03:58				16:23:05	
63	2017/5/21	17:28:06	−10.14°	75	2017/5/25	17:47:09	16.70°
		17:38:13				17:57:08	
64	2017/5/22	15:34:11	−5.64°	76	2017/5/26	14:25:27	−26.58°
		15:45:02				14:28:39	
65	2017/5/22	17:09:15	−1.09°	77	2017/5/26	15:53:27	−28.56°
		17:19:30				16:04:12	
66	2017/5/22	18:43:27	−14.85°	78	2017/5/26	17:28:20	8.40°
		18:48:42				17:38:26	
67	2017/5/23	15:15:07	−5.82°	79	2017/5/27	15:34:25	−27.67°
		15:26:02				15:45:15	
68	2017/5/23	16:50:21	−26.27°	80	2017/5/27	17:09:28	−19.58°
		17:00:44				17:19:43	
69	2017/5/23	18:24:43	−2.59°	81	2017/5/27	18:43:40	32.71°
		18:34:00				18:48:52	
70	2017/5/24	14:56:01	−30.38°	82	2017/5/28	15:15:21	−26.13°
		15:06:59				15:26:15	
71	2017/5/24	16:31:25	−28.34°	83	2017/5/28	16:50:34	−5.53°
		16:41:56				17:00:57	
72	2017/5/24	18:05:57	−3.01°	84	2017/5/28	18:24:56	20.55°
		18:15:47				18:34:10	

轨道	成像时间段（GMT）		侧摆角	轨道	成像时间段（GMT）		侧摆角
85	2017/5/29	14:56:14	−9.39°	88	2017/5/30	14:40:12	−13.76°
		15:07:12				14:48:05	
86	2017/5/29	16:31:38	−5.51°	89	2017/5/30	16:12:41	−28.50°
		16:42:09				16:23:19	
87	2017/5/29	18:06:10	20.08°	90	2017/5/30	17:47:23	−5.05°
		18:16:00				17:57:21	
覆盖率/%				99.73			

2. 全国夜光一张图成像任务执行情况

2018 年 7～10 月，采用 PSODE 算法，利用武汉大学遥感卫星地面站实施了珞珈一号 01 星全国夜光一张图成像任务。

根据卫星长条带成像的成像时长约束，制订了卫星成像条带划分方案，按照每个条带成像推扫 300 s，将成像区域划分为最长 2 000 km 的条带 66 个，任务执行过程中，顾及云遮的不利影响，结合天气预报信息，制订了增量式的全国成像方案，覆盖条带如图 4.6 所示，截至 2018 年 10 月全国陆地覆盖达到 100%。

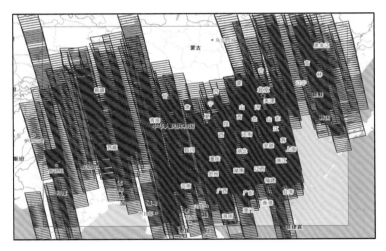

图 4.6　珞珈一号全国夜光覆盖情况

4.2　应急成像任务规划

应急成像任务要求对热点目标（区域）尽快实施成像，一般成像区域面积不大，但对时效性要求非常高。珞珈一号幅宽为 260 km，通常单景或多景影像即可满足上述任务的观测需求。因此，将应急成像任务规划抽象为对点目标快速成像进行求解。

点目标成像任务规划的流程为：第一步，计算目标点的给定时间段内的所有时间窗口。第二步：时间窗口冲突判断与选择。选择最近的时间窗口后，判断该时段云量是否满足成像要求；若天气条件满足，则进一步判断同一圈次是否有已规划的成像、导航增强或数传任务与应急任务冲突。若不存在任务冲突，直接生成任务计划；若存在其他任务则擦除其他任务，将应急成像任务计划更新到任务计划列表中。不难看出，成像窗口的快速预报是应急成像任务规划需要解决的核心问题。

4.2.1　点目标成像窗口快速预报

在卫星成像窗口预报方面，国内外学者已做了许多有益的探索，算法可以分为两类。一类是基于星地几何关系的方法。在给定满足成像时星地关系的数学模型的基础上，通过求解该模型得到成像窗口时间。这类方法的主要优势在于省去了轨道递推和遍历搜索所带来的计算资源和时间的耗费。主要的缺陷在于：一是主要针对特殊类型的卫星轨道（圆轨道），不适用于其他卫星轨道；二是星地位置关系的数学模型依赖于轨道递推模型，一方面采用二体轨道时预报精度难以满足卫星轨道设计时精度要求，另一方面若考虑复杂摄动因素影响，由于高精度轨道递推采用数值方法，在轨道设计中消耗过多计算。另一类是基于轨道递推的搜索方法，即是以一定的时间步长预报卫星在后续每个时间点的运动状态，根据卫星的位置和姿态判断是否此时刻能覆盖目标。这种方法搜索时间窗口模型简单，算法复杂度较低，但精度受限于步长，若缩短步长又会造成计算开销的急速上升。

在应急成像任务规划中，对成像窗口预报算法要求可以归结为：用尽量少的计算资源消耗，完成尽量高的精度预报。由于珞珈一号 01 星采用 TLE 轨道数据作为任务规划中轨道描述，在分析现有方法利弊的基础上，提出一种基于 SGP/SDP4 轨道预报的成像窗口计算方法。

采用 SGP/SDP4 模型的轨道递推方法，可以由起始时刻 t_0 的两行轨道根数推算出任意时刻 t 的卫星位置矢量。

成像时间窗口预报就是计算哪些时间段可以对预定目标进行观测，即计算目标何时在卫星最大可达的可视范围内。采用"特征圆锥"来描述珞珈一号 01 星的可视范围（图 4.7），圆锥中心线由成像中心指向地心，半圆锥角为卫星的最大可视角，成像时间窗口内，目标 G 位于特征圆锥内部，即 $\beta \leqslant K_{max}$。

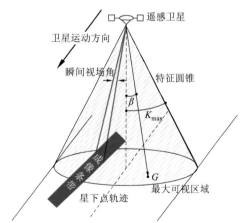

图 4.7　成像时可视区域与特征圆锥

最大可视角 K_{max} 由传感器最大机动角 L_{max} 和瞬间视场角（instantaneous field of view，IFOV）决定：

$$K_{max} = L_{max} + \text{IFOV} / 2 \tag{4.3}$$

因此，确定卫星成像窗口的时间，就是要确定目标"进出"该圆锥的临界时刻（t_1、t_2），

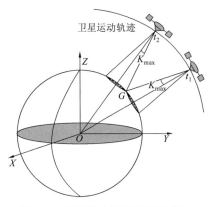

图 4.8　目标进出特征圆锥示意图

此时满足 $\beta = K_{\max}$。

由上所述，确定点目标成像时间窗口本质为：确定点目标首次进入"特征圆锥"区域的时刻 t_1 和最后一次出"特征圆锥"区域的时刻 t_2，则该点目标的成像时间窗口为 (t_1, t_2)，即 $\beta \leqslant K_{\max}(t_1 \cdot t_2)$。由图 4.8 可知，目标"进出"特征圆锥时，需满足以下关系式：

$$\cos\beta = \frac{SG \cdot SO}{|SG| \cdot |SO|} = \frac{(SO-GO) \cdot SO}{|SO-GO| \cdot |SO|} = \cos k_{\max} \quad (4.4)$$

根据式（4.4）可知，可由星、地位置计算得到点目标的成像窗口时间的起始、终止时刻。如图 4.8 所示，式（4.4）中 *SG* 为卫星指向点目标的向量，*SO* 为卫星指向地心的向量（即卫星的位置向量），*GO* 为目标点指向地心的向量（即位置向量）。

4.2.2　应急任务规划应用情况

珞珈一号 01 星运行过程中，针对瑞典森林火灾、印尼龙目岛地震等应急需求，启动了快速任务规划，采用上述点目标成像窗口的计算方法，结合天气预报信息，快速得到了目标的有效成像时间窗口，及时规划卫星对上述区域进行夜光成像，提供了珞珈一号 01 星夜光影像，如图 4.9 所示。

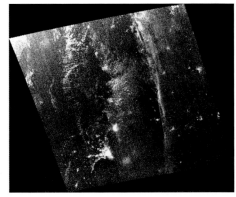

（a）珞珈一号印尼龙目岛地震影像　　　　　　（b）珞珈一号瑞典森林火灾影像

图 4.9　珞珈一号 01 星应急响应典型图像

4.3　地面测控分系统

4.3.1　分系统概述

珞珈一号 01 星地面测控系统软件是珞珈一号 01 星地面任务规划和遥控遥测软件，

应用于珞珈一号 01 星地面测试阶段和在轨飞行阶段,实现卫星地面测试、任务规划和在轨飞行管理。软件运行在 Windows 系统服务器上,通过网络交换机与地面测控设备及卫星测试设备连接,实现卫星数据交互。

4.3.2　分系统功能

软件功能模块包括:任务筹划、遥控协议配置、遥控指令发送、发送指令查询、遥测协议配置、遥测参数显示、遥测数据回放、任务生成、任务上注、告警设置、用户权限管理、用户管理、修改密码。如图 4.10 所示。

图 4.10　珞珈一号地面几何处理系统主界面

4.3.3　分系统流程

分系统主要工作流程分为以下 4 类。

1. 任务规划

珞珈一号 01 星具备夜光成像、导航增强两类任务需求。

夜光成像任务规划主要根据成像需求(包括位置、范围和时效性要求),结合轨道资源、星上能源、存储约束,制订合理的成像和数传任务方案。成像任务分为多条带拼接成像任务、单条带成像任务两种。区域成像任务指单次成像无法完全覆盖的任务(如全国夜光成像任务),系统将任务区域划分为若干个彼此有一定重叠的子条带,并为每个条带制订成像方案;单条带成像任务是指卫星单次成像即可完成覆盖的任务。成像方案主要包括成像任务开始时间、终止时间、成像姿态,姿控参数、相机配置参数(曝光时间、增益系数)等;数传方案主要包括数传开始时间、终止时间、数传码速率、地面站坐标、压缩系数等。

导航增强任务规划相对独立,主要根据用户导航接收机位置、时间要求,结合卫星轨道和星上能源约束，制订导航信号增强和导航监测数据下传任务计划。导航信号增强任务方案主要确定任务起始时间、结束时间，导航监测数据下传任务计划主要包括开始时间、终止时间和地面站经纬度。

2. 遥控指令配置与发送

遥控指令配置主要用于遥控指令的编辑。提供若干遥控指令集选项，组合多个指令订制指令集，如数传任务、成像任务、导航增强任务指令集等，并在任务集中编辑、修改指令组合和指令值，如图 4.11 所示。

图 4.11　配置指令集

遥测指令发送主要根据任务规划方案和指令配置，生成具体的二进制指令，并在系统界面中实时显示指令内容。根据使用需要，提供单指令发送、指令集发送功能，发送形式支持实时发送、延时（定时）发送方式，如图 4.12 所示。

图 4.12　发送延时指令

3. 遥测数据实时监控

解析实时接收的遥测数据,将解析结果通过列表或图形的方式展示,可选择需要显示的遥测项目。软件支持通过遥测参数显示列表配置需要查看的遥测参数,在遥测内容显示遥测原码,查看详细遥测信息及绘制实时曲线图,使测控人员实时了解卫星各分系统、单机状态,如图 4.13 所示。

遥测名称	遥测代号	原码	工程值	星上时间
卫星识别码	ZT-C002	00000011(b)	03	548785414
卫星时间秒整数	ZT-C003	20B5CD06(H)	548785414	548785414
卫星时间秒小数	ZT-C004	000077(H)	119	548785414
卫星运行时间秒	ZT-C005	00079A(H)	1946	548785414
当班中心机	ZT-C006	1(b)	中心机B机	548785414
星箭分离状态	ZT-C007	0(b)	未分离	548785414
时间来源	ZT-C008	000(b)	GPS时间	548785414
星箭分离信号1状态	ZT-C009	0(b)	未分离	548785414
星箭分离信号2状态	ZT-C016	0(b)	未分离	548785414
星箭分离软件状态	ZT-C017	0(b)	未分离	548785414
卫星现运行模式	ZT-C018	03(H)	在轨待机模式	548785414
当前任务状态	ZT-C019	00(H)	无任务	548785414

图 4.13　遥测参数实时显示

4. 历史测控数据查询

卫星运行需对卫星历史状态、上注指令进行回溯、查询。系统支持对历史遥测指令和历史遥测参数的查询。遥测参数可使用遥测参数名称、遥测项代号、时间段进行查询,可对使用上述查询项单独导出历史记录并回放,如图 4.14 所示。

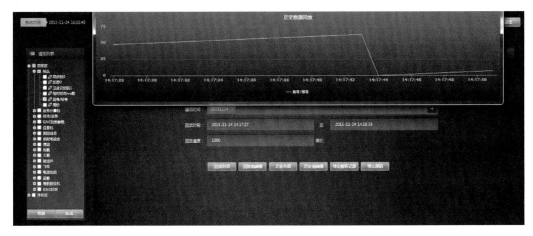

图 4.14　遥测参数回放

指令查询可采用用户名(操作员)、发送时间段查询,并导出指令数据,如图 4.15 所示。

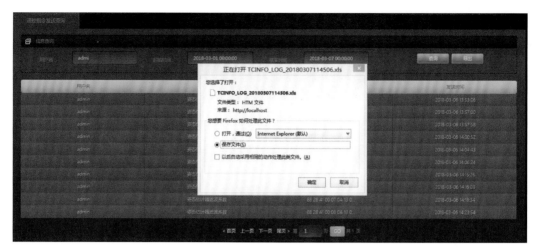

图 4.15　指令查询导出

4.3.4　任务规划子系统

任务规划子系统根据用户任务的需求，结合星、地约束条件，制订卫星的任务计划。主要包括任务预处理模块、任务调度管理模块、成像计划编制模块、数传计划编制模块。

（1）任务预处理模块。根据用户需求，对任务进行预处理。首先，计算对应任务可能的成像和数传时间窗口预报，获得任务可执行的时间窗口；其次，对区域成像目标进行条带分解，具备任务覆盖率快速计算能力。

（2）任务调度管理模块。基于地面站、卫星工作模式相关约束，实现对任务列表的冲突判断和调度，支持对任务计划的查询、添加、删除、更新等操作，保存任务计划编制日志。

（3）成像计划编制模块。基于任务预处理模块的输出，采用优化算法，生成卫星对面目标、点目标的成像任务计划，包括成像时间、姿态、相机配置等设置。

（4）数传计划编制模块。基于任务预处理模块输出的数传时间窗口，确定任务的数传时间，根据对应成像任务的相关配置，生成数传任务计划，包括数传时间、天线配置及信道参数的设置。

4.3.5　遥测子系统

遥测子系统负责接收卫星遥测信号，将各项遥测数据记录并实时显示，支持历史遥测数据的回放。主要功能模块包括：遥测数据接收模块、遥测项配置模块、遥测数据解析与显示模块，遥测数据回放模块。

（1）遥测数据接收模块。遥测数据接收模块完成对卫星遥测数据的实时记录。

（2）遥测项配置模块。根据用户需求，配置需要显示的遥测数据项，便于操作员对重要遥测参数项目的实时监视。

（3）遥测数据解析与显示模块。以遥测数据接收模块记录的原始数据为输入，解析遥测数据后，实时地以列表、图形方式显示遥测数据，支持遥测数据分类显示、二进制遥测码显示。

（4）遥测数据回放模块。完成历史遥测参数的查询和导出，实现对卫星遥测数据的回溯管理。

4.3.6　遥控子系统

遥控子系统主要负责遥控指令生成和发送，保障对卫星的有效管控。主要功能模块包括：指令生成模块、指令集配置模块、指令发控模块、遥控指令查询模块。

（1）指令生成模块。指令生成模块完成各项遥控指令二进制代码的生成和检核。

（2）指令集配置模块。以任务规划子系统输出的任务计划为输入，完成夜光成像、白天成像、数据下行等任务的指令集配置。

（3）指令发控模块。具有单个指令和指令集发控功能，支持实时、延时发控选项。

（4）遥控指令查询模块。完成历史遥控指令数据的查询和导出，支持按时间段、指令类型的查询，实现对卫星遥控指令的回溯管理。

第 5 章

珞珈一号 01 星定标预处理

在轨几何辐射定标是保障遥感数据质量的关键环节,珞珈一号微纳卫星无星上定标设备,且国内外缺乏高精度夜光定标基准,难以直接对夜光载荷进行在轨定标。本章将研究揭示轨道误差、姿态误差、内方位元素误差、安装矩阵误差和时间同步误差等各项误差的机理,逐项量化表征误差,依据"卷帘"动态成像原理,构建珞珈一号 01 星"卷帘"分时曝光的严密几何成像模型;依据夜光载荷高动态范围成像特性,揭示传感器探元高低增益映射关系,构建夜光载荷白天–夜间辐射传递模型;提出"利用白天成像影像进行定标模型求解,对晚上夜光影像进行补偿校正"的在轨几何辐射定标模型。珞珈一号 01 星夜光遥感数据带控定位精度优于 1 个像素,无控几何定位精度优于 5 个像素,在轨暗电流定标精度(标准差均值比)优于 0.04%,在轨相对非均匀性定标精度(条纹系数)优于 0.2%,达到国际同类卫星传感器领先水平。

5.1　辐射定标及校正

　　珞珈一号 01 星夜光传感器获取原始图像数据存在因传感器各探元响应差异所引起的降低图像质量、影响图像后续使用的现象，如暗电流条纹噪声［图 5.1（a）］、高亮噪声点［图 5.1（b）］、探元响应非均匀性条纹［图 5.1（c）］及中间亮边缘暗的"渐晕"现象［图 5.1（d）］等。此类现象均需传感器在轨定标予以消除，提升夜光传感器图像质量。

（a）暗电流条纹噪声　　　　　　　　　（b）探测器高亮噪声点（放大 4 倍显示）

（c）探元响应非均匀性条纹　　　　　　　　（d）传感器"渐晕"

图 5.1　珞珈一号 01 星原始图像"瑕疵"

　　传感器相对辐射定标是标定传感器探元间响应差异所引起的图像上探元级误差，是夜光卫星应用的前提，分为实验室定标、在轨定标两个阶段。常规而言传感器辐射定标模型为线性模型（Pascal et al.，2003），如下：

$$DN(k,n,b,m,t)=A(k)\cdot G(m,t,k)\cdot\gamma(k,m,b)\cdot g(k,n,b)\cdot L(k,n,b)+C(k,n,b,m) \quad （5.1）$$

式中：k 为波段序号；n 为探元序号；b 为 CCD 序号；m 为模拟增益参数；t 为曝光时间；L 为入瞳辐射亮度。式中辐射定标模型参数分为两类：①相对定标参数（归一化参数）：暗

电流参数 C，探元间响应非均匀性参数 g，CCD 间亮度差异参数 γ；②绝对定标参数：模拟增益参数和曝光时间转换参数 G，绝对辐射定标系数 A。本章关注珞珈一号 01 星在轨相对辐射定标参数的标定，即标定探元暗电流 C 和探元间非均匀性参数 g；珞珈一号 01 星为单 CMOS 传感器，因此 CCD 间亮度差异参数 $\gamma=1$。

在轨相对定标需要一个高精度能够覆盖所有探元的辐射基准，以标定传感器各个探元间响应模型关系。对只在白天成像的常规光学遥感卫星传感器而言，其在轨定标基准主要有：星上定标灯或星上漫反射板（Morfitt et al.，2015；Xiong et al.，2006，2005；Henry et al.，2001；Markham et al.，1996）、地面均匀定标场（Pesta et al.，2014；Pagnutti et al.，2003；Green，1999）（如沙漠、海洋、云、雪等）、基于海量数据样本的统计意义上基准（Shrestha，2010；HORN et al.，1979）等。夜光成像传感器方面，Suomi NPP 的 VIIRS 传感器为摆扫成像，其 DNB 波段在轨相对辐射定标采用直方图统计的方法单独定标三挡不同增益图像，基于星上太阳漫反射板获取不同增益图像灰度关系（Mills et al.，2014），采用新月时夜间海洋成像标定探测器暗电流响应值（Geis et al.，2012）。对珞珈一号 01 星搭载面阵夜光传感器，单景范围大小为 264 km×264 km，如此大面积的夜光均匀定标基准难以获得，现有直接利用夜光图像进行统计定标的方法难以适用。针对这一问题，珞珈一号 01 星设计之初，将夜光传感器设计为具备白天、夜间成像能力，通过构建白天–夜间辐射基准传递模型，实现夜光传感器各探元的非均匀性定标。因此，本章介绍珞珈一号 01 星在轨相对定标方案，将白天定标基准传递至夜晚，实现"白天定标夜晚校正"，最终达到夜光传感器的在轨相对定标。

基于传感器白天成像特点，将白天定标的基准传递至夜间定标的方案，在轨定标流程包括：①暗电流定标；②白天低增益定标；③白天–夜间辐射基准传递模型构建；④不同成像参数定标系数转换，如图 5.2 所示。基于夜晚高低增益图像相对定标系数实现夜晚高动态范围（high dynamic range，HDR）模式下高低增益图像的相对辐射校正，通过 HDR 算法重构 HDR 图像数据。

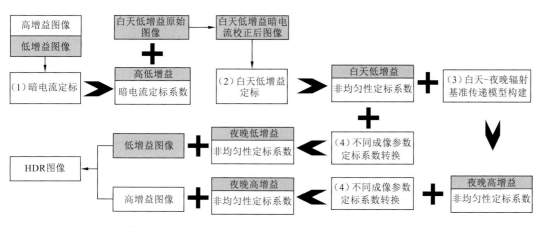

图 5.2　珞珈一号 01 星传感器 HDR 模式在轨定标流程图

5.1.1　暗电流定标

暗电流定标是在传感器无光入瞳时，标定传感器各个探元的灰度响应关系。珞珈一号 01 星夜光传感器对光敏感性很高，且无相应星上暗电流标定手段，如光学卫星的星上快门挡板设备。因此，珞珈一号 01 星夜光传感器在轨暗电流标定选择在夜晚对无灯光非洲大面积沙漠地区或海洋区域成像，以标定探测器暗电流响应。传感器各探元暗电流定标如下：

$$C_i = \frac{1}{M} \sum_j^M \mathrm{DN}_{i,j} \tag{5.2}$$

式中：i 为传感器探元序号；j 为暗电流定标成像有效帧序号；C_i 为传感器第 i 探元暗电流响应灰度值；M 为暗电流定标成像有效帧数；$\mathrm{DN}_{i,j}$ 为以 5 个 DN 值为阈值剔除粗差后的暗电流有效灰度值。传感器所有探元暗电流校正基准值 $\bar{C}$ 如下：

$$\bar{C} = \sum_i^N C_i \tag{5.3}$$

式中：N 为传感器探元个数，对珞珈一号 01 星而言，N 为 $2\,048 \times 2\,048$。考虑珞珈一号 01 星实验室绝对辐射校正模型，则暗电流校正公式为

$$\mathrm{DN}_{c,i} = \mathrm{DN}_i - C_i + \bar{C} \tag{5.4}$$

式中：DN_i 为第 i 个探元成像灰度值；$\mathrm{DN}_{c,i}$ 为第 i 个探元暗电流校正后灰度值。

5.1.2　白天低增益定标

采用在轨均匀场定标方法按线性定标模型实现珞珈一号 01 星传感器的白天定标。在相对辐射定标时，将传感器入瞳辐亮度 L 用波段均值 $\overline{\mathrm{DN}}$ 代替，经转换则有

$$\overline{\mathrm{DN}} = a_i \cdot \mathrm{DN}_{c,i} + b_i \tag{5.5}$$

式中：$\overline{\mathrm{DN}}$ 为传感器所有探元响应灰度均值；a_i 和 b_i 为传感器第 i 个探元相对定标系数。当传感器所有探元均成像同一均匀亮度区域时，传感器探元所获的帧序列数据的灰度差异则由探元响应非均匀引起，则当单点定标时，各探元灰度响应差异系数 g_i 为

$$g_i = \frac{\overline{\mathrm{DN}}}{\mathrm{DN}_{c,i}} \tag{5.6}$$

珞珈一号 01 星多点定标时，由于某些定标均匀场样本无法完全覆盖传感器所有探元，采用探元间关系传递实现所有探元的标定。设探元 i、基准探元 j 相对校正模型为

$$\overline{\mathrm{DN}} = a_i \cdot \mathrm{DN}_i + b_i \tag{5.7}$$

$$\overline{\mathrm{DN}} = a_j \cdot \mathrm{DN}_j + b_j \tag{5.8}$$

由式（5.6）有

$$\frac{\mathrm{DN}_i}{\mathrm{DN}_j} = \frac{g_j}{g_i} \tag{5.9}$$

结合式（5.7）～式（5.9）则传感器各探元相对定标系数关系为

$$a_i = \frac{g_i}{g_j} \cdot a_j \tag{5.10}$$

$$b_i = b_j \tag{5.11}$$

则珞珈一号 01 星相对辐射校正公式为

$$\mathrm{DN}_i^{\mathrm{relCorr}} = (\mathrm{DN}_i - C_i) \cdot a_i + b_i + \overline{C} \tag{5.12}$$

式中：$\mathrm{DN}_i^{\mathrm{relCorr}}$ 为第 i 个探元成像灰度值经相对辐射校正后灰度值。

5.1.3　白天–夜间辐射基准传递模型

珞珈一号 01 星以 HDR 模式白天成像时，图像只有低增益有效，高增益饱和；以 HDR 模式夜晚成像时，图像高低增益均有效，通过 HDR 合成算法构造 HDR 图像。因此，白天低增益图像定标完成后，需将白天定标基准转换至夜晚高增益图像，以实现夜晚高低增益图像的相对校正。由式（5.5），则传感器低增益图像相对校正公式为

$$\overline{\mathrm{DN}}_{\mathrm{high}} = a_{\mathrm{high}} \cdot \mathrm{DN}_{\mathrm{high}} + b_{\mathrm{high}} \tag{5.13}$$

$$\overline{\mathrm{DN}}_{\mathrm{low}} = a_{\mathrm{low}} \cdot \mathrm{DN}_{\mathrm{low}} + b_{\mathrm{low}} \tag{5.14}$$

式中：a_{high}、b_{high}、a_{low}、b_{low} 为高低增益图像校正系数；$\mathrm{DN}_{\mathrm{high}}$、$\mathrm{DN}_{\mathrm{low}}$ 为传感器高低增益图像原始灰度值；$\overline{\mathrm{DN}}_{\mathrm{high}}$、$\overline{\mathrm{DN}}_{\mathrm{low}}$ 为高低增益图像相对校正基准。珞珈一号 01 星传感器高低增益模型设计为多项式关系（Fiete et al.，2001；Mandal et al.，2001），如下：

$$\mathrm{DN}_{\mathrm{high}} = B_0 + B_1 \cdot \mathrm{DN}_{\mathrm{low}} + B_2 \cdot \mathrm{DN}_{\mathrm{low}}^2 + \cdots + B_n \cdot \mathrm{DN}_{\mathrm{low}}^n \tag{5.15}$$

$$\overline{\mathrm{DN}}_{\mathrm{high}} = B_0 + B_1 \cdot \overline{\mathrm{DN}}_{\mathrm{low}} + B_2 \cdot \overline{\mathrm{DN}}_{\mathrm{low}}^2 + \cdots + B_n \cdot \overline{\mathrm{DN}}_{\mathrm{low}}^n \tag{5.16}$$

式中：n 为多项式阶数；B_0、B_1、B_2 及 B_n 为传感器高低增益多项式关系系数。

当珞珈一号 01 星传感器高低增益模型为非线性关系时，则高增益图像下 $\mathrm{DN}_{\mathrm{high}}$ 与 $\overline{\mathrm{DN}}_{\mathrm{high}}$ 不符合式（5.13）所示线性关系；$\mathrm{DN}_{\mathrm{high}}$ 与 $\overline{\mathrm{DN}}_{\mathrm{high}}$ 校正关系需由式（5.14）～式（5.16）导出。当 $n = 2$ 时，则高增益图像相对校正公式中 $\mathrm{DN}_{\mathrm{high}}$ 与 $\overline{\mathrm{DN}}_{\mathrm{high}}$ 关系为

$$\overline{\mathrm{DN}}_{\mathrm{high}} = \frac{\left(B_1 \pm \sqrt{-4B_2 B_0 + B_1^2 + 4B_2 \mathrm{DN}_{\mathrm{high}}}\right)^2 a_{\mathrm{low}}^2}{4B_2}$$
$$- \frac{\left(2B_2 b_{\mathrm{low}} a_{\mathrm{low}} + B_1 a_{\mathrm{low}}\right)\left(B_1 \pm \sqrt{-4B_2 B_0 + B_1^2 + 4B_2 \mathrm{DN}_{\mathrm{high}}}\right)}{2B_2} + B_2 b_{\mathrm{low}}^2 + B_1 b_{\mathrm{low}} + B_0 \tag{5.17}$$

5.1.4　不同成像参数定标系数转换

珞珈一号 01 星夜光传感器为高感光敏感传感器，为保障白天成像不饱和，夜晚成像灯光亮度处在合理亮度范围，在 HDR 模式下，传感器白天和夜晚成像时采用不同的成像

参数,因此需要考虑不同成像参数下探元校正模型关系如表 5.1 所示,珞珈一号 01 星 HDR 模式白天和夜晚成像只有曝光时间不同,因此需考虑不同曝光时间下探元校正模型关系。

表 5.1　珞珈一号 01 星 HDR 模式白天和夜晚成像参数

项目	白天	夜晚
曝光时间/ms	0.049	17.089
增益倍数	0.6	0.6

根据遥感卫星传感器设计原理(Fiete et al.,2001),传感器响应值与增益倍数(g)、曝光时间(t)成正比,考虑探测器暗电流 c_0,则有

$$DN(g,t) \propto g \cdot (t \cdot L + c_0) \tag{5.18}$$

式中:L 为传感器入瞳辐射亮度;$DN(g,t)$为传感器响应灰度值。由式(5.18)可知,可将不同曝光时间引起的辐射绝对亮度差异在绝对辐射定标中予以考虑,因此,相对辐射定标时,传感器探元在相同增益不同曝光时间下具备相同的相对辐射定标参数。

5.1.5　实验验证

1. 暗电流定标及校正

利用夜晚暗场成像的 56 帧数据标定传感器 HDR 模式高低增益所有探元暗电流值,低增益所有探元暗电流均值为 187.31,高增益所有探元暗电流均值为 177.57,表明珞珈一号 01 星传感器具备高感光敏捷性。将暗电流定标结果应用于夜光图像校正,如图 5.3 所示,经暗电流定标后珞珈一号 01 星 HDR 模式下高低增益所有探元暗电流响应差异性得到有效校正,传感器探元响应一些高亮像素点得到去除。

　　(a)低增益无灯光区域原始图像　　　　　　(b)低增益无灯光区域暗电流校正后图像

图 5.3　珞珈一号 01 星 HDR 模式高低增益暗电流校正效果图

（c）高增益无灯光区域原始图像　　　　　　　　（d）高增益无灯光区域暗电流校正后图像

图 5.3　珞珈一号 01 星 HDR 模式高低增益暗电流校正效果图（续）

定量分析方面，对暗电流定标结果采用列均值标准差评估暗电流校正后暗电流误差残余情况：

$$\delta = \sqrt{\frac{1}{N}\left(\overline{\mathrm{DN}_i} - \overline{\mathrm{DN}}\right)^2} \tag{5.19}$$

式中：δ 为暗电流校正后残余误差；N 为传感器行方向探元个数；DN_i 为传感器行方向第 i 个探元成像均值；$\overline{\mathrm{DN}}$ 为传感器所有探元响应灰度均值。

基于式（5.19）统计不同成像时间下 58 景暗电流校正后图像，如表 5.2 所示，珞珈一号 01 星在轨暗电流定标后高低增益图像列均值标准差分别优于 0.04 个 DN、0.07 个 DN。

表 5.2　珞珈一号 01 星 HDR 模式暗电流定标精度统计表

项目	均值/DN	最大值/DN	最小值/DN	标准差/DN
低增益	186.819 4	186.970 9	186.658 5	0.041 482
高增益	176.585 8	176.814 5	176.411 8	0.066 167

2. 白天低增益定标及校正

利用 Arabia 2 区域均匀场数据基于式（5.6）获取传感器各探元间响应差异系数。在 5 个均匀场数据上选择相同均匀区域（9×9），计算共同均匀区域探元相对校正参数，基于式（5.10）、式（5.11）获取珞珈一号 01 星传感器所有探元的非均匀定标系数。将传感器探元非均匀校正系数分别校正白天低增益图像和夜晚低增益图像，由于常规夜光图像因无全部灯光亮度覆盖所有探元，难以分辨校正效果，夜光低增益图像选择晨昏位置夜光图像以验证。如图 5.4、图 5.5 所示，传感器探元间响应非均匀性条纹得到有效校正。

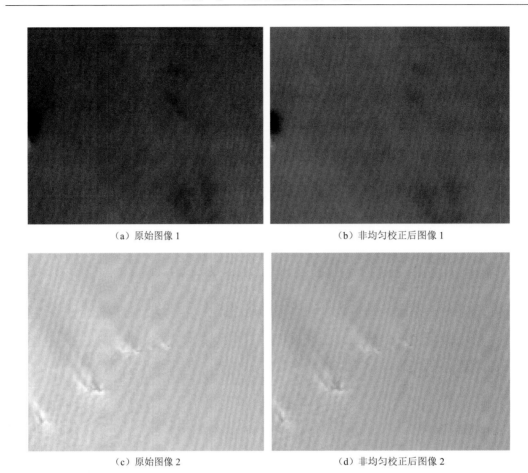

（a）原始图像 1　　　　　　　　　　　　　（b）非均匀校正后图像 1

（c）原始图像 2　　　　　　　　　　　　　（d）非均匀校正后图像 2

图 5.4　白天低增益图像非均匀校正效果示意图

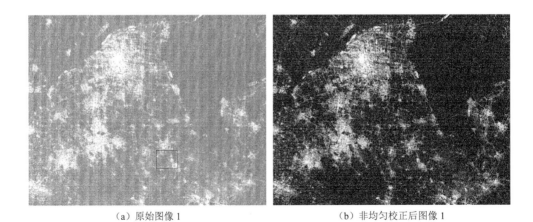

（a）原始图像 1　　　　　　　　　　　　　（b）非均匀校正后图像 1

图 5.5　夜晚低增益图像非均匀校正效果示意图

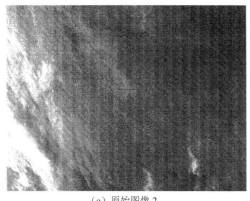 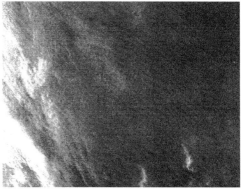

（c）原始图像 2　　　　　　　　　　　　　　（d）非均匀校正后图像 2

图 5.5　夜晚低增益图像非均匀校正效果示意图（续）

传感器探元非均匀性定标定量评价指标采用"条纹系数"对相对辐射校正后的图像进行评价

$$\text{Streaking}_i = \frac{\left|\overline{\text{DN}_i} - \left(\overline{\text{DN}_{i-1}} + \overline{\text{DN}_{i+1}}\right)/2\right|}{\left(\overline{\text{DN}_{i-1}} + \overline{\text{DN}_{i+1}}\right)/2} \times 100 \tag{5.20}$$

式中：Streaking_i 为传感器行方向第 i 个探元的条纹系数；$\overline{\text{DN}_i}$ 为传感器行方向第 i 个探元成像均值。当条纹系数大于 0.25 时图像存在目视可见条纹（Pesta et al.，2014）。

基于式（5.20）统计白天数据和夜晚晨昏数据校正后条纹系数，如图 5.6、图 5.7 所示，白天图像校正后最大条纹系数分别为 0.17%、0.18%；夜晚图像校正后条纹系数分别为 0.18%、0.16%。

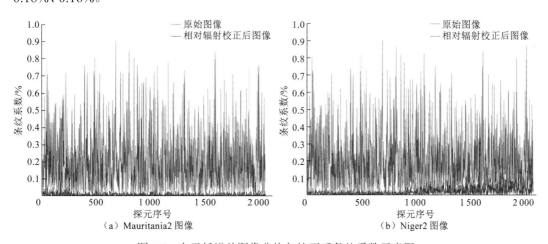

（a）Mauritania2 图像　　　　　　　　　　　　　（b）Niger2 图像

图 5.6　白天低增益图像非均匀校正后条纹系数示意图

3. 夜晚图像辐射校正

基于式（5.17）将白天定标的传感器探元低增益相对校正系数转换至夜晚高增益相对校正参数。将转换后相对校正参数应用至夜晚高增益图像，如图 5.8 所示，转换后相对参数对城市灯光、晨昏、均匀云覆盖等亮度夜光高增益图像均取得较好校正效果。

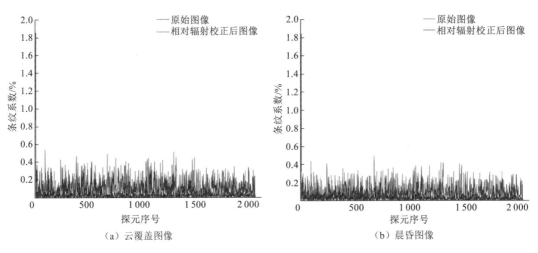

（a）云覆盖图像　　　　　　　　　　　　　（b）晨昏图像

图 5.7　夜晚低增益图像非均匀校正后条纹系数示意图

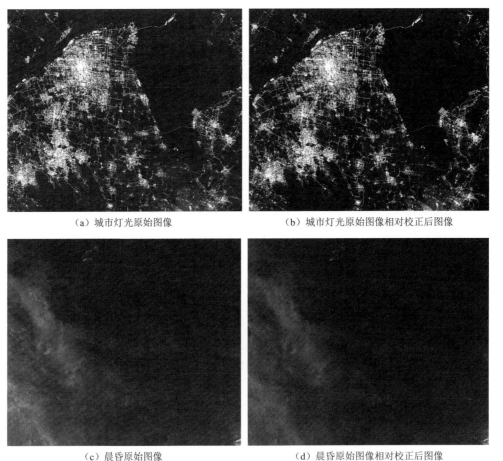

（a）城市灯光原始图像　　　　　　（b）城市灯光原始图像相对校正后图像

（c）晨昏原始图像　　　　　　　　（d）晨昏原始图像相对校正后图像

图 5.8　夜晚高增益相对校正效果图

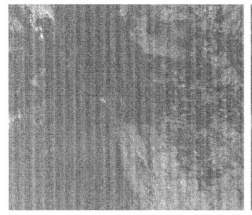

（e）云覆盖原始图像　　　　　　　　　　（f）云覆盖原始图像相对校正后图像

图 5.8　夜晚高增益相对校正效果图（续）

珞珈一号 01 星为面阵传感器,因此在夜光图像经暗电流校正后仍会存在因镜头引起的中间亮边缘暗的渐晕现象。为验证转换后夜光高增益校正效果,选择均匀云覆盖区域图像,统计沿轨向和垂轨向探元均值,检核渐晕现象的补偿效果。如图 5.9 所示,与仅暗

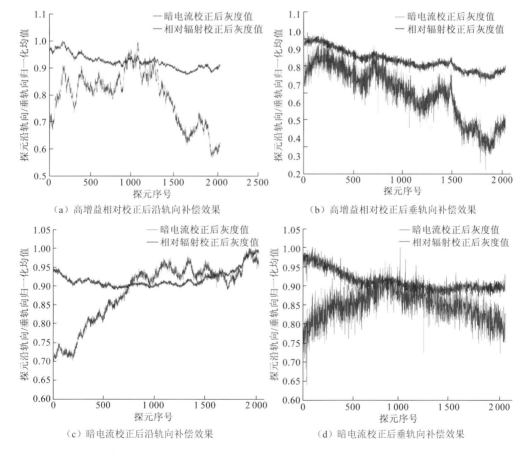

（a）高增益相对校正后沿轨向补偿效果　　　　　（b）高增益相对校正后垂轨向补偿效果

（c）暗电流校正后沿轨向补偿效果　　　　　　（d）暗电流校正后垂轨向补偿效果

图 5.9　夜晚高增益相对校正后与暗电流校正后图像沿轨向和垂轨向渐晕现象补偿效果

电流校正后图像相比,相对校正后图像沿轨向和垂轨向渐晕现象得到有效补偿,表明低增益系数经传感器高低增益转换模型转换至高增益系数有效。

选择 4 个区域均匀云覆盖区域基于式（5.20）统计经相对校正后条纹系数用以定量评估校正效果。如图 5.10、表 5.3 所示,夜晚高增益图像校正后条纹系数最大值优于 0.2%,表明珞珈一号 01 星"白天定标+夜晚校正"的方案有效。

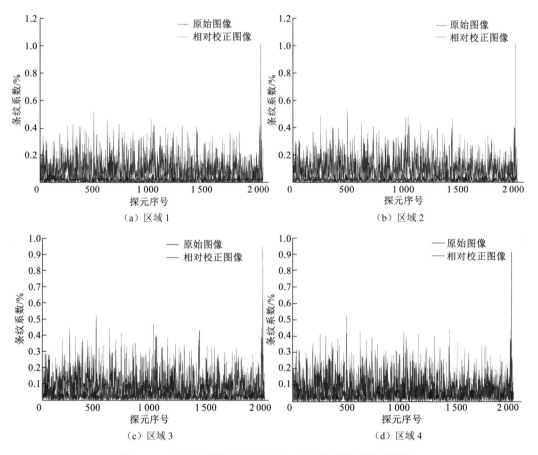

图 5.10　夜晚高增益相对校正后 4 个区域条纹系数示意图

表 5.3　珞珈一号 01 星 HDR 模式夜晚高增益相对精度统计表

区域	条纹系数/%			
	均值	最大值	最小值	标准差
区域 1	0.021 093	0.111 714	0.0	0.016 453
区域 2	0.018 854	0.097 228	0.0	0.014 664
区域 3	0.030 947	0.162 012	0.0	0.024 042
区域 4	0.039 596	0.202 831	0.0	0.030 460

5.2　HDR 重构

　　珞珈一号 01 星夜光传感器具备标准成像模式（standard mode，STD）和高动态范围成像模式，两种模式均可以不同帧频实现视频成像；在高动态范围成像模式下，可同时获得低增益图像和高增益图像，基于高低增益图像利用 HDR 合成算法可获取高动态范围图像。HDR 重构算法充分利用传感器高低增益图像数据，通过低增益图像数据来补充高增益图像数据，达到拓展夜光传感器动态范围的目的，HDR 重构原理如图 5.11 所示。

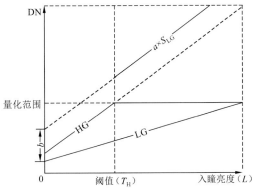

图 5.11　珞珈一号 01 星夜光传感器 HDR 重构原理示意

　　HDR 重构如下：

$$S_{HDR} = \begin{cases} S_{HG}, & S_{HG} \leqslant T_H \\ aS_{LG} - b, & S_{HG} > T_H \end{cases} \quad (5.21)$$

式中：S_{HDR} 为重构后 HDR 图像；S_{HG} 为夜光传感器输出高增益图像；S_{LG} 为夜光传感器输出低增益图像；T_H 为高增益转换低增益数据阈值；a 为 HDR 重构增益系数；b 为低增益转高增益图像的补偿系数；其中系数 a、b 和 T_H 需针对夜光传感器基于实验室定标系数予以求解。如图 5.11 所示，由珞珈一号 01 星实验室定标数据不同曝光时间下高低增益图像灰度响应关系曲线，可计算出上述系数。图 5.12 为珞珈一号 01 星实验室定标数据不同曝光时间下高、低增益图像灰度响应关系曲线，由此可计算出上述系数。图 5.13 为珞珈一号 01 星首图 HDR 重构后示意图。

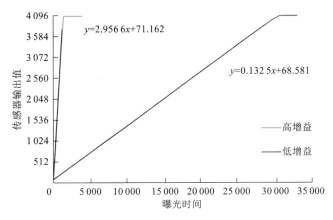

图 5.12　不同曝光时间下传感器高增益和低增益响应关系曲线

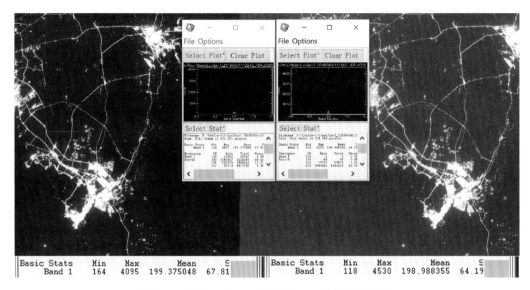

图 5.13　珞珈一号 01 星首图 HDR 重构后示意图

5.3　几何定标及校正

珞珈一号 01 星运行在 645 km 的太阳同步轨道上，星上搭载了一台高灵敏度面阵 CMOS 夜光相机和一台导航增强试验载荷；除此之外，珞珈一号 01 星平台上搭载了 GNSS 接收机（支持 GPS 和北斗）用于测量并下传卫星位置和速度；同时，平台上搭载了 2 台星敏感器和陀螺仪，在卫星成像阶段星上采用单/双星敏进行姿态测量，并最终将星敏、陀螺测量参数下传至地面。星上 GNSS 和姿态数据的下传频率由帧周期决定，最高为 1 Hz，最低为 0.2 Hz。珞珈一号 01 星主要参数如表 5.4 所示。

表 5.4　珞珈一号 01 星卫星参数

平台/夜光载荷	项目	参数
平台	质量/kg	19.8
	轨道高度/km	645
	轨道倾角	98°
	回归周期/d	3～5
	位置精度	单轴<10 m（1σ）
	姿态精度	≤0.05°
	姿态机动	俯仰轴大于 0.9°/s
	姿态稳定度	≤0.004°/s（1σ）
夜光载荷	探元大小/μm	11×11
	视场角	≥32.32°
	光谱范围/nm	460～980

续表

平台/夜光载荷	项目	参数
夜光载荷	量化等级	12 bit，在 HDR 模式下处理成 15 bit
	谱段数	1
	信噪比/dB	优于 35
	分辨率	129 m@645 km
	幅宽	264 km×264 km@645 km

　　为了进行珞珈一号 01 星的在轨几何定标，卫星设计为同时支持白天和夜晚成像，为了保证不同成像模式下最佳的成像效果，白天和夜晚成像采用不同的成像参数组合，白天成像时传感器采用低倍增益与短曝光时间组合，低增益数据有效，高增益数据饱和；夜晚成像时传感器采用低倍增益与长曝光时间组合，高低增益数据均有效。而无论白昼或夜晚成像，珞珈一号 01 星均采用卷帘曝光模式，如图 5.14 所示，每次瞬时曝光成像一行数据，2 048 行探元依次曝光成像，所有行探元曝光成像完成为一帧影像，两帧数据成像时间间隔为帧周期，帧周期在轨可调。

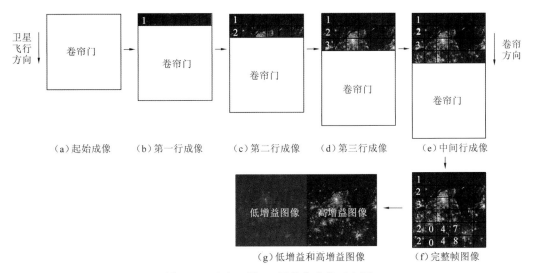

图 5.14　珞珈一号 01 星卷帘成像示意图

　　在轨几何定标是保障珞珈一号 01 星夜光遥感数据质量的关键环节。首先考虑珞珈一号 01 星卷帘曝光特征，建立珞珈一号 01 星几何定位模型；进一步根据珞珈一号 01 星外、内方位元素误差特性，建立几何定标模型，提出白天定标、补偿夜晚成像的定标方法，并根据卫星平台设计指标，分析珞珈一号 01 星定标后的理论精度。实验部分采用公开的 15 m 分辨率 Landsat 的数字正射影像和 90 m 的"航天飞机雷达地形测绘任务"（shuttle radar topography mission，SRTM）数字高程模型（简称 SRTM-DEM）作为控制数据，分别选取成像于墨西哥托雷翁、委内瑞拉加拉加斯、大马士革和英格兰区域的影像作为实验数据，对珞珈一号 01 星进行了在轨检校和精度验证。最终，珞珈一号 01 星夜光影像无控精度优于 0.7 km，影像内精度优于 0.3 个像素。

5.3.1　外定标

珞珈一号 01 星夜光载荷虽然设计为 CMOS 面阵载荷,但其成像过程采用卷帘分时曝光模式,曝光过程如图 2.4 所示。

为保障白天成像不饱和,夜晚成像灯光亮度处在合理亮度范围,珞珈一号 01 星的曝光时间、帧周期、N 参数设置如表 5.5 所示。

表 5.5　珞珈一号 01 星白天和夜晚成像模式曝光时间与帧周期的关系

参数	白天	夜晚
曝光时间/ms	0.049	17.089
帧周期/s	0.1	5
N 参数	1	7

由上述分析可知,虽然珞珈一号 01 星采用面阵 CMOS 载荷,但其卷帘分时曝光模式与线阵推扫工作模式相近,其几何定位模型可构建如下:

$$\begin{bmatrix} X \\ Y \\ Z \end{bmatrix}_{WGS84} = \begin{bmatrix} X_s \\ Y_s \\ Z_s \end{bmatrix}_{WGS84} + m\boldsymbol{R}_{J2000}^{WGS84} \boldsymbol{R}_{body}^{J2000} \boldsymbol{R}_{cam}^{body} \begin{bmatrix} x-x_0-\Delta x \\ y-y_0-\Delta y \\ -f \end{bmatrix} \tag{5.22}$$

式中:$\boldsymbol{R}_{J2000}^{WGS84}$ 为 J2000 坐标系相对于 WGS84 坐标系的转换矩阵;$\boldsymbol{R}_{body}^{J2000}$ 为本体坐标系相对于 J2000 坐标系的转换矩阵;$\boldsymbol{R}_{cam}^{body}$ 为相机坐标系相对于本体坐标系的转换矩阵。

珞珈一号 01 星夜光载荷的在轨几何定标主要考虑补偿姿轨测量系统误差、载荷安装角误差和相机内方位元素误差。其中,载荷安装角误差与姿态测量系统误差对几何定位的影响完全一致,可等效成姿态测量系统误差来统一考虑;而目前轨道测量误差通常较小,且轨道误差与姿态误差也具有等效性,因此针对外方位元素的定标模型可仅考虑姿态测量系统误差,通过在式(5.22)中引入偏置矩阵来统一补偿外方位元素系统误差:

$$\begin{bmatrix} X \\ Y \\ Z \end{bmatrix}_{WGS84} = \begin{bmatrix} X_s \\ Y_s \\ Z_s \end{bmatrix}_{WGS84} + m\boldsymbol{R}_{J2000}^{WGS84} \boldsymbol{R}_{body}^{J2000} \boldsymbol{R}_U \boldsymbol{R}_{cam}^{body} \begin{bmatrix} x-x_0-\Delta x \\ y-y_0-\Delta y \\ -f \end{bmatrix} \tag{5.23}$$

R_U 可定义如下:

$$R_U = \begin{bmatrix} \cos\varphi & 0 & \sin\varphi \\ 0 & 1 & 0 \\ -\sin\varphi & 0 & \cos\varphi \end{bmatrix} \begin{bmatrix} 1 & 0 & 0 \\ 0 & \cos\omega & -\sin\omega \\ 0 & \sin\omega & \cos\omega \end{bmatrix} \begin{bmatrix} \cos\kappa & -\sin\kappa & 0 \\ \sin\kappa & \cos\kappa & 0 \\ 0 & 0 & 1 \end{bmatrix} \tag{5.24}$$

5.3.2　姿态相对定标

珞珈一号 01 星上搭载了 A、B 两台星敏,在轨成像过程中 A 星敏工作、B 星敏工作、AB 星敏均工作的情况均有发生;显然,由于不同星敏安装误差、测量系统误差不相同,星上星敏工作模式的切换可能导致 $\boldsymbol{R}_{body}^{J2000}$ 所含系统误差的变化,仅在一种工作模式下求解偏置矩阵难以适用于所有星上模式。为此，首先对双星敏安装矩阵进行一致性处理，再进行偏置矩阵求解。

（1）选取 A、B 星敏同时工作的成像数据，A、B 星敏测量获取了自身测量坐标系相对于 J2000 坐标系的四元数，两者应该满足式（5.24）所示关系。假设以 A 星敏为基准，可依据式（5.25）更新 B 星敏安装矩阵

$$\left(\boldsymbol{R}_{\text{star}}^{\text{J2000}}\boldsymbol{R}_{\text{body}}^{\text{star}}\right)_{\text{A}}=\left(\boldsymbol{R}_{\text{star}}^{\text{J2000}}\boldsymbol{R}_{\text{body}}^{\text{star}}\right)_{\text{B}} \tag{5.25}$$

（2）对星上任一星敏工作模式（A 工作、B 工作、AB 均工作），均采用（1）中更新的星敏安装矩阵，确定卫星本体相对于 J2000 的姿态四元数；

（3）在（2）的基础上求解偏置矩阵 $\boldsymbol{R}_U$。

5.3.3　内定标

针对珞珈一号 01 星夜光载荷的内方位元素误差，需考虑主点误差、主距误差、探元尺寸误差、CMOS 面阵旋转误差和镜头畸变，分别建立各误差引起的像点偏移 $(\Delta x,\Delta y)$。假设像点 (x,y) 对应的像主点坐标为 (x_c,y_c)，$\begin{cases}x_c=x-x_0\\y_c=y-y_0\end{cases}$。

（1）主点偏移误差：主点 x_0,y_0 的偏移误差为 $\Delta x_0,\Delta y_0$，则引起的像点偏移为

$$\begin{cases}\Delta x=\Delta x_0\\\Delta y=\Delta y_0\end{cases} \tag{5.26}$$

（2）主距误差：对式（4.4）主距 f 求偏导，得主距误差 Δf 引起的像点偏移为

$$\begin{cases}\Delta x=-\dfrac{x-x_0}{f}\cdot\Delta x\\[2mm]\Delta y=-\dfrac{y-y_0}{f}\cdot\Delta y\end{cases} \tag{5.27}$$

（3）探元尺寸误差 $\Delta p_1,\Delta p_2$（分别对应垂轨尺寸和沿轨尺寸）引起的像点偏移为

$$\begin{cases}\Delta x=x_c\cdot\Delta p_1\\\Delta y=y_c\cdot\Delta p_2\end{cases} \tag{5.28}$$

（4）旋转误差：假设 CMOS 面阵在相机坐标系中的安装关系如图 2.2 所示，而安装角 θ 未知（理想情况下 θ 为 0），则引起的像点偏移为

$$\begin{cases}\Delta x=x_c\cdot\sin\theta\\\Delta y=y_c\cdot(\cos\theta-1)\end{cases} \tag{5.29}$$

（5）镜头畸变误差：主要包括径向畸变和偏心畸变（Fryer et al.，1986），径向畸变是由于镜头中透镜的曲面误差引起的，它使像点沿径向产生偏差。根据光学设计理论，径向畸变可采用奇次多项式表示：

$$\Delta r=k_1r^3+k_2r^5+k_3r^7+\cdots \tag{5.30}$$

由径向畸变引起的像点偏移为

$$\begin{cases} \Delta x = k_1 x_c r^2 + k_2 x_c r^4 + k_3 x_c r^6 + \cdots \\ \Delta y = k_1 y_c r^2 + k_2 y_c r^4 + k_3 y_c r^6 + \cdots \end{cases} \tag{5.31}$$

式中：$r^2 = x_c^2 + y_c^2$。

偏心畸变会使像点偏离理想位置，偏心畸变可表示（WENG et al.，1992；Fryer et al.，1986）：

$$P(r) = \sqrt{P_1^2 + P_2^2} \cdot r^2 \tag{5.32}$$

由偏心畸变引起的像点位移为

$$\begin{cases} \Delta x = \left[p_1(3x_c^2 + y_c^2) + 2p_2 x_c y_c \right]\left[1 + p_3 r^2 + \cdots \right] \\ \Delta y = \left[p_2(3x_c^2 + y_c^2) + 2p_1 x_c y_c \right]\left[1 + p_3 r^2 + \cdots \right] \end{cases} \tag{5.33}$$

由上述建模分析可知，主距误差、旋转误差与尺寸误差具有强相关性，应统一考虑，为避免镜头畸变参数过度参数化降低内方位元素求解精度，对径向畸变仅求解 k_1、k_2，偏心畸变求解 P_1、P_2，因此各内方位元素引起的像点综合偏移为

$$\begin{cases} \Delta x = \Delta x_0 + \Delta p_1 x_c + k_1 x_c r^2 + k_2 x_c r^4 + p_1(3x_c^2 + y_c^2) + 2p_2 x_c y_c \\ \Delta y = \Delta y_0 + \Delta p_1 y_c + k_1 y_c r^2 + k_2 y_c r^4 + p_2(3x_c^2 + y_c^2) + 2p_1 x_c y_c \end{cases} \tag{5.34}$$

最后，在外定标基础上，将式（5.34）转为线性方程进行求解。

5.3.4　实验验证

采用高精度自动匹配算法（Leprince et al.，2007），从定标景影像上和英格兰区域 DOM 上匹配控制点 22 528 个，控制点分布均匀（表 5.6）。

表 5.6　定标精度　　　　　　　　　　　　　　　（单位：像素）

定标景		垂轨			沿轨			平面精度
		MAX	MIN	RMS	MAX	MIN	RMS	
英格兰 2018.6.28	A	35.42	24.35	31.21	83.68	71.63	75.63	81.81
	B	4.15	0.00	1.35	3.50	0.00	1.11	1.75
	C	0.30	0.00	0.13	0.46	0.00	0.15	0.20

由于外定标主要消除的是卫星姿态、轨道测量系统误差、相机安装系统误差，其无法消除内方位元素误差和外方位随机动态误差，经过外定标后残留的定位误差主要体现了内方位元素误差（相机畸变等）和外方位元素中的随机动态误差；而内定标是在外定标的基础上进一步消除内方位元素误差，内定标后的定位误差主要体现了外方位元素的随机动态误差。图 5.15 中分别是定位误差（含沿轨误差和垂轨误差）随影像 x 和影像 y 的变化规律。虽然珞珈一号 01 星是 CMOS 面阵，但是其内部是卷帘分时曝光模式，与线阵推扫工作模式相近。因此，随 y 的变化可以反映出外方位元素随机动态误差。

图 5.15（a）为利用实验室测量参数直接定位的精度，可以看到，发射过程中相机安装等几何参数发生了明显变化，定位误差呈明显的系统性。图 5.15（b）为求解偏置矩阵

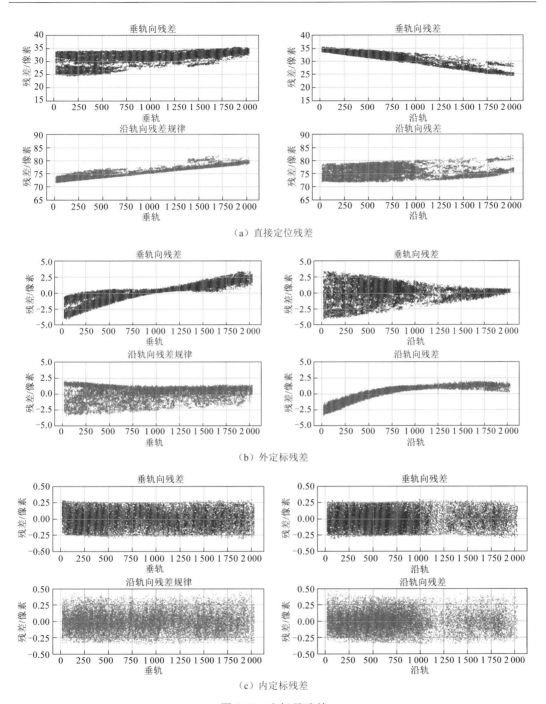

（a）直接定位残差

（b）外定标残差

（c）内定标残差

图 5.15　定标景残差

消除外方位元素误差后的定位残差，可以看出仍残留部分系统误差，直观体现为内方位元素误差，珞珈一号 01 星内方位元素最大误差可以达到约 4 个像素。图 5.15（c）为求解内方位元素定位残差，从内定标后的残差来看，整体分布较为随机，系统误差消除较为彻底，整体精度达到 0.20 个像素。由于单帧成像时间仅约 0.1 s，而该影像姿态下传频率仅为 1 Hz，该短时间内姿轨测量误差主要表现为系统误差，内定标精度主要受限于姿态稳定度的影响。由于姿态稳定度难以严格建模，其对几何定位的最大影响可简化为 $\Delta = H \cdot \tan(\sigma/f)$，其中 H 为卫星高度，σ 为姿态稳定度，f 为姿态下传频率，针对珞珈一号 01 星姿态稳定度约为 0.004°/s，即姿态稳定度最大影响不超过 0.3 个像素，与内定标精度基本相当。

1. 绝对定位精度验证

将白天定标景的定标参数用于夜光数据的生产，选取了 6～8 月地物可识别的夜光影像进行夜光影像补偿无控精度验证，以 Google Earth 作为参考数据，通过手动选取控制点的方式进行无控定向评估，选点误差大约 1 个像素。最终统计了 31 天共 44 轨夜光影像，无控几何精度优于 700 m（1σ）。具体统计结果如图 5.16 和表 5.7 所示。

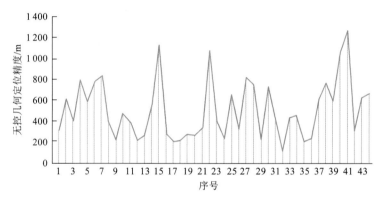

图 5.16　珞珈一号 01 星 6～8 月无控几何精度变化

表 5.7　珞珈一号 01 星 6～8 月无控精度统计

序号	成像时间	成像地点	无控几何精度/m
1	2018/6/4 1:12:15	新德里	309
2	2018/6/4 2:48:41	阿布扎比	619
3	2018/6/5 3:15:33	巴格达	395
4	2018/6/6 11:45:02	亚特兰大	798
5	2018/6/13 21:45:02	武汉	592
6	2018/6/13 19:38:49	黑海克里米亚	776
7	2018/6/14 13:29:09	韩国东部沿海	840
8	2018/6/16 22:14:16	上海	404
9	2018/6/18 21:27:09	韩国	222
10	2018/6/20 6:00:45	巴塞罗那	473
11	2018/6/21 3:09:23	莫斯科	399
12	2018/6/21 4:46:02	欧洲中部	219
13	2018/6/23 5:33:33	法国 英国	269

续表

序号	成像时间	成像地点	无控几何精度/m
14	2018/6/24 4:19:33	布达佩斯	570
15	2018/6/30 5:05:33	罗马	1 138
16	2018/7/11 11:05:33	华盛顿	286
17	2018/7/14 4:07:23	埃及	212
18	2018/7/14 22:00:33	上海	222
19	2018/7/15 22:23:43	内蒙古到福建	289
20	2018/7/17 23:10:33	金昌到贵阳	273
21	2018/7/23 14:13:43	旧金山	340
22	2018/7/28 3:09:39	巴格达	1 085
23	2018/7/31 22:14:33	张家口	409
24	2018/8/1 4:49:43	丹麦 瑞典	234
25	2018/8/1 6:22:23	马德里	672
26	2018/8/2 3:38:34	芬兰 瑞典	323
27	2018/8/3 5:35:23	比利时 瑞士	824
28	2018/8/6 21:24:43	东京	760
29	2018/8/15 0:17:53	哈萨克斯坦	229
30	2018/8/15 21:45:13	朝鲜半岛	741
31	2018/8/16 1:00:53	新疆西部	404
32	2018/8/16 23:46:23	新疆中部	122
33	2018/8/17 4:40:03	雅典	446
34	2018/8/18 0:08:53	新疆	461
35	2018/8/18 22:53:13	银川到桂林	211
36	2018/8/19 23:16:03	兰州 成都	235
37	2018/8/20 13:58:13	温哥华	617
38	2018/8/20 22:04:23	浙江	774
39	2018/8/21 4:37:13	希腊 匈牙利 波兰	596
40	2018/8/21 20:52:43	东京	1 057
41	2018/8/21 22:27:33	南昌	1 275
42	2018/8/22 21:19:03	东北	313
43	2018/8/22 22:50:53	桂林	632
44	2018/8/23 23:14:13	金昌	666

无控几何定位精度主要受限于姿轨测量随机误差、结构稳定性误差，珞珈一号 01 星轨道高度为 645 km，轨道测量误差约为 10 m，姿态测量误差为 0.05°，利用参考唐新明等

（2014）定义的方法，姿态确定精度对几何定位的最大影响可简化为 $\Delta = H \cdot \tan\theta_{att}$，其中 H 为卫星高程，θ_{att} 为姿态确定精度。由表 3.1 可知，珞珈一号 01 星的姿态确定精度约为 0.05°，即姿态随机误差的影响约为 562.87 m。考虑轨道 10 m 随机误差，姿态和轨道对无控几何定位的综合影响约为 562.96 m。与统计的无控几何定位精度相比，珞珈一号 01 星的结构稳定性带来的随机误差更小，小于 1 个像素。因此，定标后的绝对无控几何定位精度符合珞珈一号 01 星的理论设计精度。

2. 相对定位精度验证

1）定向精度验证

为了充分验证白天定标景的定标精度，选取三组数据进行充分验证，保证定标参数的精度和有效性。同样采用自动匹配算法，分别从墨西哥托雷翁、加拉加斯、大马士革验证景影像上和对应区域 DOM 上匹配控制点，分别获得控制点 54 963 个、37 527 个和 53 122 个，控制点分布均匀。墨西哥托雷翁、加拉加斯、大马士革验证精度如表 5.8 所示。

表 5.8　验证景精度　　　　　　　　　　　　　　　　　　　（单位：像素）

验证景		垂轨			沿轨			平面精度
		MAX	MIN	RMS	MAX	MIN	RMS	
墨西哥托雷翁 2018/6/7	D	32.58	21.15	27.56	84.49	73.16	77.84	82.57
	E	3.68	2.46	3.07	2.64	1.20	1.78	3.55
	F	4.27	0.00	1.11	3.57	0.00	1.04	1.52
	G	0.35	0.00	0.13	0.43	0.00	0.12	0.18
加拉加斯 2018/6/10	D	33.29	21.72	27.91	84.63	72.55	77.42	82.30
	E	3.99	2.20	3.03	1.57	0.58	1.08	3.22
	F	4.23	0.00	1.20	3.47	0.00	0.96	1.54
	G	0.84	0.00	0.21	0.64	0.00	0.16	0.26
大马士革 2018/7/11	D	39.09	27.58	33.69	82.59	71.61	76.40	83.50
	E	4.01	2.31	3.31	1.00	0.00	0.89	3.31
	F	4.55	0.00	1.07	4.17	0.00	0.89	1.39
	G	0.44	0.00	0.13	0.59	0.00	0.14	0.19

选取大马士革残差图进行展示，图 5.17 中，"直接定位"是指利用实验室测量的参数直接定位的几何定位精度；"补偿无控"是指利用英格兰定标内、外定标参数进行直接定位的几何定位精度。"直接带控"是指利用验证景获取控制点只求取偏置矩阵后的几何定位精度；"补偿带控"是指利用定标景的内定标参数求解偏置矩阵后的几何定位精度。对比"直接定位"和"补偿无控"，利用英格兰定标参数进行补偿后，无控定位精度有较大幅度的提升，说明英格兰定标参数能够消除卫星姿态、轨道测量和载荷安装等系统误差；

定标后无控定位精度优于 5 个像素，与珞珈一号 01 星理论无控精度相当；对比"直接带控"和"补偿带控"精度，英格兰定标参数很好地消除了相机畸变和"卷帘"成像等引入的内方位元素误差，带控定向精度从最大约 4 个像素提升到 0.3 个像素内，说明英格兰定标参数精度较高，有效地消除了内方位畸变和卷帘成像带来的误差。

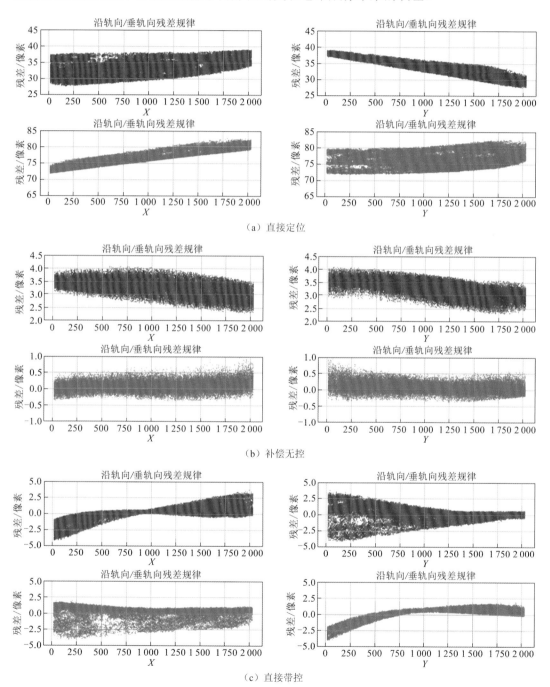

图 5.17 验证景残差

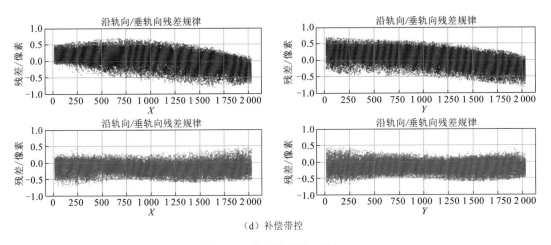

（d）补偿带控

图 5.17　验证景残差（续）

2）多时相配准精度验证

影像相对定位精度是单景影像不同像点或多时相影像同名点的几何定位精度的一致性的表现（Wang et al., 2017）。珞珈一号 01 星的业务模式是夜光模式，定标后的夜光影像相对定位精度验证尤为重要。但考虑目前缺乏高精度夜光影像几何基准，可采用多时相夜光影像的配准精度来评估相对定位精度。评估方法如下。

（1）收集小交会角的多时相夜光影像，假如其中两景影像为 A 和 B；利用定标后的严密几何成像模型生成影像 A 和 B 的 RPC 模型。

（2）从影像 A 和 B 中匹配同名点 (x_A, y_A, x_B, y_B)，利用影像 A 的 RPC 模型和 SRTM 计算 (x_A, y_A) 对应的地面坐标 $(\text{lat}_A, \text{lon}_A, h_A)$；利用影像 B 的 RPC 模型计算 $(\text{lat}_B, \text{lon}_B, h_B)$ 对应的影像坐标 (x'_B, y'_B)。

（3）求解 (x_B, y_B) 与 (x'_B, y'_B) 间的仿射模型：

$$x_B = a_0 + a_1 x'_B + a_2 y'_B$$
$$y_B = a_3 + a_4 x'_B + a_5 y'_B$$

（4）利用步骤（1）～（3）建立影像 A 和影像 B 的像点一一映射关系，以影像 A 为基准，对影像 B 进行重采，实现影像 A、B 的配准，并评价配准精度。

显然，由于仿射模型无法表征镜头高阶畸变，若定标后仍然存在高阶畸变，则通过步骤（1）～（4）无法实现精确配准，将残留明显的配准误差。

收集了两轨成像时间间隔 27 天的夜光影像数据，使用同一套定标补偿参数（即英格兰定标景补偿参数），按上述步骤（1）～（4）完成影像配准，上海和韩国轨平差精度如表 5.9 所示。两轨平差精度均优于 0.4 个像素，最大误差在 1 个像素左右。最后通过步骤（4）进行逐帧重采样，采样后进行卷帘显示，如图 5.18 和图 5.19 所示，可以看到重采样后的各帧影像能做到点点对应，说明白天几何定标参数同样可以补偿到夜晚影像，影像内精度没有损失，精度约 0.3 个像素。

表 5.9　多时相配准精度　　　　　　　　　　　　　　　（单位：像素）

ID	精度	垂轨			沿轨			平面精度
		MAX	MIN	RMS	MAX	MIN	RMS	
上海轨	8 和 9 帧	1.31	0.00	0.24	0.74	0.00	0.19	0.30
	9 和 10 帧	1.17	0.00	0.28	0.92	0.00	0.24	0.37
	10 和 11 帧	0.87	0.00	0.24	0.54	0.00	0.17	0.30
	11 和 12 帧	1.23	0.00	0.23	1.29	0.00	0.22	0.33
韩国轨	8 和 9 帧	0.89	0.00	0.22	0.54	0.00	0.19	0.29
	9 和 10 帧	1.12	0.00	0.25	0.89	0.00	0.23	0.34
	10 和 11 帧	0.89	0.00	0.25	0.58	0.00	0.20	0.32
	11 和 12 帧	0.82	0.00	0.24	0.55	0.00	0.22	0.32

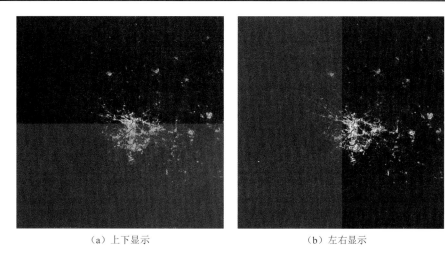

　　（a）上下显示　　　　　　　　　　（b）左右显示

图 5.18　韩国卷帘显示图

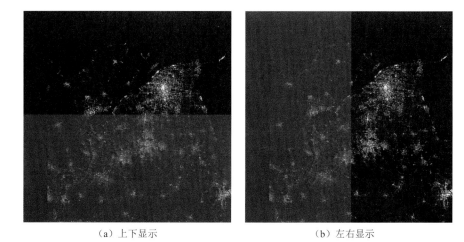

　　（a）上下显示　　　　　　　　　　（b）左右显示

图 5.19　上海卷帘显示图

5.4　遥感地面处理系统

5.4.1　分系统概述

地面处理分系统由解压子系统、基准检校子系统、夜光预处理子系统、视频预处理子系统、产品质检子系统组成。地面处理分系统可实现从夜光、视频原始数据到基础产品生产的全过程。

5.4.2　分系统功能

1. 解压子系统

对来自有效载荷数据接收分系统的原始数据进行解压缩和去格式处理，生成 0 级数据。

2. 基准检校子系统

（1）根据卫星平台和有效载荷设计模型、相机内方位参数、相机安装矩阵、辐亮度与 DN 值的转换参数、轨道参数、姿态参数、MTF、信噪比、压缩比等关键参数，对辐射信号传输、相机系统、轨道和姿态控制系统、星上数据处理系统进行数学建模；

（2）利用检校控制数据和相应的卫星数据，对夜光/视频相机内外方位元素进行定期在轨精确标定，消除成像系统误差，提升几何定位精度；

（3）根据夜光载荷成像特性，实现夜光卫星传感器的在轨辐射定标，保障夜光数据辐射质量。

3. 夜光预处理子系统

负责对解压缩后的零级数据进行格式解析处理、数据检查、编目处理、辐射校正处理和传感器校正处理，获取传感器校正产品；同时，对传感器校正产品进行系统几何校正处理获取以一定地面分辨率投影在地球椭球面上的几何产品。

4. 视频预处理子系统

负责对解压缩后零级数据进行格式解析、数据检查、编目处理、辐射校正处理、单帧传感器校正产品生产处理和视频稳像处理生成视频影像产品。

5. 产品质检子系统

建立夜光影像和视频产品的质量管理体系，实现夜光影像产品的质量控制与评价，创建产品质量报告。

5.4.3　分系统流程

分系统流程如图 5.20 所示。

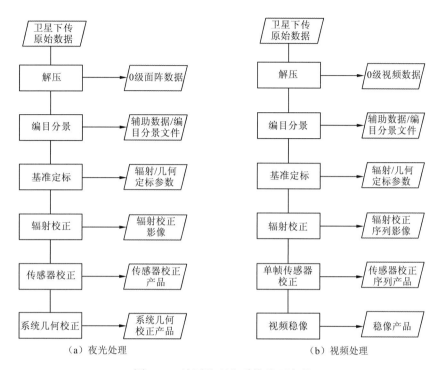

（a）夜光处理　　　　　　　　　　（b）视频处理

图 5.20　地面处理分系统处理流程

5.4.4　解压子系统

解压子系统是地面处理分系统的一个重要组成部分，主要负责接收记录卫星下传的数据，对接收的数据进行解压缩和格式化处理。

解压子系统的主要功能如下：

（1）原始数据记录回放设备具有分路、合路接收与发送的功能；

（2）帧同步：I/Q 合路、分路可选，具有位容错和自适应码速率能力，可在线编程改变帧同步码、帧同步码长和帧长，可在线测量误码，具有丢帧和错帧统计能力；

（3）实时完成卫星数据各种模式下解压缩工作，具有解格式能力，输出完整的格式化数据；

（4）0 级数据记录和回放：实时生成 0 级数据并记录，支持对 0 级数据进行回放；

（5）具备原始数据和格式化数据传输功能。

5.4.5　基准检校子系统

基准检校子系统由卫星几何精度检校子系统和辐射标定子系统组成。

1. 卫星几何精度检校子系统

在轨几何定标是保障遥感数据质量的关键环节。卫星几何精度检校子系统负责实现珞珈一号 01 星的在轨几何检校，具体包括"卷帘"成像定位模型构建模块、控制点获取模块、检校平差模块。

（1）"卷帘"成像定位模型构建模块。根据珞珈一号 01 星"卷帘"曝光原理，构建高精度几何定位模型，建立影像坐标与地面坐标的映射关系，为控制点获取、检校平差提供基础输入。

（2）控制点获取模块。基于公开的全球 DOM、DEM 数据，基于自动影像匹配技术实现检校控制点提取，为检校平差提供控制条件。

（3）检校平差模块。综合考虑珞珈一号 01 星轨道、姿态、内方位元素误差特性，建立高精度检校模型，利用控制条件实现检校参数的平差求解。

2. 辐射标定子系统

夜光卫星传感器在轨成像条件复杂，传感器接收的电磁波能量与目标本身辐射的能量是不一致的，由于太阳位置、大气条件、地形影响和传感器本身响应非均匀性、光谱漂移等因素影响，传感器记录的辐射能量并不是地面目标的真实辐射，对后续夜光图像的使用和理解造成影响，必须加以校正和消除，即辐射标定和辐射校正。辐射标定子系统用于夜光传感器的在轨辐射定标，标定夜光传感器成像系统误差，建立传感器输出 DN 值与夜光真实辐射亮度之间的关系，给出辐射校正参数，为监测传感器的变化和遥感定量化应用服务。具体包括相对辐射定标模块和绝对辐射定标模块。

1）相对辐射定标模块

根据夜光卫星载荷白天黑夜成像特性，实现夜光载荷不同增益条件下各探元暗电流标定、各探元间响应不一致性标定、异常探元响应标定以及镜头渐晕标定，为预处理系统提供相对辐射定标参数。

2）绝对辐射定标模块

建立夜光载荷相对辐射定标基准 DN 值与对应辐射亮度之间的关系，为预处理系统提供绝对辐射定标参数。

5.4.6 夜光预处理子系统

夜光预处理子系统负责对解压缩后的零级数据进行格式解析、数据检查、编目处理、辐射校正处理和传感器校正处理，并在传感器校正产品基础上进行系统几何校正处理获取以一定地面分辨率投影在地球椭球面上的几何产品。

夜光预处理子系统由编目模块、辐射校正模块、传感器校正产品生产模块、系统几何校正产品生产模块组成。

（1）编目模块。对 0 级数据进行编目处理。生成 0 级景数据元数据、浏览图、拇指图处理。

（2）辐射校正模块。该模块基于辐射标定子系统给出的辐射定标参数，针对编目后 0 级夜光数据进行辐射校正处理，包括对各个探元响应不一致性校正、死像元及异常探元处理、镜头渐晕处理及绝对辐射校正为传感器校正产品提供基础级图像数据。

（3）传感器校正产品生产模块。生产传感器校正产品及附加产品生产（含 SHP 文件、元数据文件 XML、浏览图、拇指图、RPC 参数文件、README 文件、Range 文件）。

（4）系统几何校正产品生产模块。进行系统几何校正处理获取以一定地面分辨率投影在地球椭球面上的几何产品。

5.4.7　视频预处理子系统

视频预处理子系统负责对编目后 0 级夜光数据进行格式解析、数据检查、编目处理、辐射校正处理、单帧传感器校正产品生产处理和视频稳像处理生成视频影像产品。

视频预处理子系统具体包括编目模块、辐射校正模块、单帧传感器校正产品生产模块、视频稳像模块。

（1）编目模块。针对编目后 0 级影像数据进行编目处理，生成夜光视频各帧序列数据景元数据、浏览图和拇指图。

（2）辐射校正模块。该模块基于辐射标定子系统给出的辐射定标参数，针对编目后视频单帧 0 级数据进行辐射校正处理，包括对各个探元响应不一致性校正、死像元及异常探元处理、镜头渐晕处理及绝对辐射校正为传感器校正产品提供基础级图像数据。

（3）单帧传感器校正产品生产模块。①生成理想无畸变面阵的单帧传感器校正影像；②附加产品生产（含 SHP 文件、元数据文件 XML、浏览图、拇指图、RPC 参数文件、README 文件、Range 文件）。

（4）视频稳像模块。主要功能是实现多个单帧传感器校正影像的时空对准，完成多帧组合，最终生产处视频卫星的标准产品影像。①序列单帧传感器影像时序化模块：将生产完成的多个单帧传感器影像进行时间序列化。②序列单帧传感器影像空间对准模块：由于拍摄平台的移动，各帧传感器校正影像需要有统一的空间基准方能正确组合成视频。该模块完成序列单帧传感器影像的空间对准，将它们纳入统一的空间基准。③组帧模块：将时间序列化后、空间对准后的多帧传感器影像进行组帧，生成标准的视频文件。

5.4.8　产品质检子系统

产品质检子系统的主要功能是建立卫星系列影像和视频产品的质量管理体系，进行影像产品质量控制与质量评价，创建产品质量报告。

各模块的功能如下。

（1）产品质量信息管理模块。建立产品质量控制与评价数据库，通过网络与有关分系统进行质量管理通信联系,对整个地面应用系统的产品生产过程、产品质量等进行统一管理。

（2）原始数据质量检查模块。对从地面站接收的不同卫星各个载荷的信号数据进行质量检查,最终形成信号数据产品质量报告文件。

（3）0 级数据质量检查模块。对解压缩后的 0 级数据进行质量检查,最终形成 0 级数据质量报告文件。

（4）夜光影像产品质量检查模块。对夜光影像传感器校正产品和系统几何校正产品进行质量检查,最终形成数据质量报告文件。

（5）视频影像产品质量检查模块。对夜光视频单帧序列影像传感器校正产品及系统几何校正产品等进行质量检查,最终形成数据质量报告文件。

（6）产品质量标准体系。建立珞珈一号 01 星遥感影像各级产品的检查及验收的程序和方法,产品的合格质量标准和产品质量的评价原则等,形成珞珈一号 01 星夜光遥感产品质量标准体系。

第 *6* 章

珞珈一号 01 星区域处理

为了解决珞珈一号夜光数据在实际应用中遇到的影像定位一致性问题，本章提出一套夜光影像区域高精度处理方法。在获得标准产品后，首先经过数据筛选获取覆盖全国的珞珈一号 01 星影像，其次进行带控制的区域网平面平差来保证影像的绝对和相对定位精度，最后通过快速镶嵌对正射影像拼接处理，生产夜光影像区域一张图。

6.1　夜光影像区域网平差

6.1.1　有理函数模型

RPC 模型将地面点大地坐标 D(Latitude,Longitude,Height)与其对应的像点坐标 d(line,sample)用比值多项式关联起来。为了增强参数求解的稳定性,将地面坐标和影像坐标正则化到−1 和 1 之间。对于一个影像,定义如下比值多项式:

$$\begin{cases} Y = \dfrac{\text{Num}_L(P,L,H)}{\text{Den}_L(P,L,H)} \\ X = \dfrac{\text{Num}_s(P,L,H)}{\text{Den}_s(P,L,H)} \end{cases} \tag{6.1}$$

式中

$$\begin{aligned}
\text{Num}_L(P,L,H) &= a_1+a_2L+a_3P+a_4H+a_5LP+a_6LH+a_7PH+a_8L^2+a_9P^2 \\
&\quad +a_{10}H^2+a_{11}PLH+a_{12}L^3+a_{13}LP^2+a_{14}LH^2+a_{15}L^2P+a_{16}P^3 \\
&\quad +a_{17}PH^2+a_{18}L^2H+a_{19}P^2H+a_{20}H^3 \\
\text{Den}_L(P,L,H) &= b_1+b_2L+b_3P+b_4H+b_5LP+b_6LH+b_7PH+b_8L^2+b_9P^2 \\
&\quad +b_{10}H^2+b_{11}PLH+b_{12}L^3+b_{13}LP^2+b_{14}LH^2+b_{15}L^2P+b_{16}P^3 \\
&\quad +b_{17}PH^2+b_{18}L^2H+b_{19}P^2H+b_{20}H^3 \\
\text{Num}_s(P,L,H) &= c_1+c_2L+c_3P+c_4H+c_5LP+c_6LH+c_7PH+c_8L^2+c_9P^2 \\
&\quad +c_{10}H^2+c_{11}PLH+c_{12}L^3+c_{13}LP^2+c_{14}LH^2+c_{15}L^2P+c_{16}P^3 \\
&\quad +c_{17}PH^2+c_{18}L^2H+c_{19}P^2H+c_{20}H^3 \\
\text{Den}_s(P,L,H) &= d_1+d_2L+d_3P+d_4H+d_5LP+d_6LH+d_7PH+d_8L^2+d_9P^2 \\
&\quad +d_{10}H^2+d_{11}PLH+d_{12}L^3+d_{13}LP^2+d_{14}LH^2+d_{15}L^2P+d_{16}P^3 \\
&\quad +d_{17}PH^2+d_{18}L^2H+d_{19}P^2H+d_{20}H^3
\end{aligned} \tag{6.2}$$

其中:b_1 和 d_1 通常为 1;(P,L,H) 为正则化的地面坐标;(X,Y) 为正则化的影像坐标,

$$\begin{aligned}
P &= \frac{\text{Latitude}-\text{LAT\_OFF}}{\text{LAT\_SCALE}} \\
L &= \frac{\text{Longitude}-\text{LONG\_OFF}}{\text{LONG\_SCALE}} \\
H &= \frac{\text{Height}-\text{HEIGHT\_OFF}}{\text{HEIGHT\_SCALE}} \\
X &= \frac{\text{Sample}-\text{SAMP\_OFF}}{\text{SAMP\_SCALE}} \\
Y &= \frac{\text{Line}-\text{LINE\_OFF}}{\text{LINE\_SCALE}}
\end{aligned} \tag{6.3}$$

这里,LAT_OFF、LAT_SCALE、LONG_OFF、LONG_SCALE、HEIGHT_OFF 和

HEIGHT_SCALE 为地面坐标的正则化参数。SAMP_OFF、SAMP_SCALE、LINE_OFF 和 LINE_SCALE 为影像坐标的正则化参数。

6.1.2 像方补偿方案

像方补偿方案的实质是用一个系统误差补偿模型消除像点坐标上的系统误差,从而提高基于 RPC 的影像目标定位精度。该方案可以用于消除单景卫星遥感影像的 RPC 参数所带有的系统误差,对于覆盖同一区域具有一定重叠度的多景卫星遥感影像而言,可以利用影像间的几何约束关系进行基于 RPC 的区域网平差来补偿系统误差。

使用像方补偿方案对 RPC 中的系统误差进行补偿时,RPC 描述的像点坐标(Y, X)和地面点坐标(P, L, H)之间的关系被修正为

$$
\begin{cases}
Y + \Delta Y = \dfrac{\text{Num}_L\left(P_n, L_n, H_n\right)}{\text{DEN}_L\left(P_n, L_n, H_n\right)} Y_s + Y_o \\[3mm]
X + \Delta X = \dfrac{\text{Num}_S\left(P_n, L_n, H_n\right)}{\text{DEN}_S\left(P_n, L_n, H_n\right)} X_s + X_o
\end{cases}
\tag{6.4}
$$

式中:$(\Delta Y, \Delta X)$为像点坐标;(Y, X)为系统误差补偿值;(Y_0, X_0, Y_s, X_s)为正则化参数,计算公式为

$$
\begin{cases}
\Delta Y = e_0 + e_1 Y + e_2 X + e_3 Y^2 + e_4 X^2 + \cdots \\
\Delta X = f_0 + f_1 Y + f_2 X + f_3 Y^2 + f_4 X^2 + \cdots
\end{cases}
\tag{6.5}
$$

式中:$(e_0, e_1, e_2, \cdots, f_0, f_1, f_2, \cdots)$为系统误差补偿参数。

当系统误差补偿量$(\Delta Y, \Delta X)$取至一次项时,系统误差补偿模型即为仿射变换模型:

$$
\begin{cases}
\Delta Y = e_0 + e_1 Y + e_2 X \\
\Delta X = f_0 + f_1 Y + f_2 X
\end{cases}
\tag{6.6}
$$

实际应用中,可以根据具体的卫星传感器类型和地面控制点的数量选择合适的系统误差补偿参数来消除 RPC 的系统误差。

像方补偿方案操作简单,只需少量的地面控制点便能够很好地消除 RPC 中的系统误差,常被用作高分辨率卫星遥感影像区域网平差的函数模型。在只用平移参数(e_0, f_0)补偿 RPC 系统误差的情况下,可以利用求解出的参数(e_0, f_0)精化原始的 RPC 参数。但使用更多参数补偿系统误差时,则无法根据求解出的系统误差补偿参数直接精化RPC参数。因此,在使用 RPC 进行高分辨率卫星遥感影像目标定位时,常常需要附加一个系统误差补偿模型,这给用户带来了一定的不便。

RPC 的像方补偿模型可以用式(6.4)和式(6.6)来表示。若将仿射变换系数和目标点的物方空间坐标作为未知数,则可得到基于 RPC 的光束法平差的误差方程矩阵形式为

$$
V = At + Bx - I
\tag{6.7}
$$

式中:$V = [v_R \quad v_C]^{\text{T}}$为像点行、列坐标观测值残差向量;

$t = [\Delta e_0 \quad \Delta e_1 \quad \Delta e_2 \quad \Delta f_0 \quad \Delta f_1 \quad \Delta f_2]^{\text{T}}$为像点坐标系统误差补偿参数增量向量;

$x = \begin{bmatrix} \Delta X & \Delta Y & \Delta Z \end{bmatrix}^{T}$ 为目标点的物方空间坐标增量向量；

$$A = \begin{bmatrix} \dfrac{\partial R}{\partial e_0} & \dfrac{\partial R}{\partial e_1} & \dfrac{\partial R}{\partial e_2} & 0 & 0 & 0 \\ 0 & 0 & 0 & \dfrac{\partial R}{\partial f_0} & \dfrac{\partial R}{\partial f_1} & \dfrac{\partial R}{\partial f_2} \end{bmatrix} = \begin{bmatrix} 1 & x & y & 0 & 0 & 0 \\ 0 & 0 & 0 & 1 & x & y \end{bmatrix};$$

$$B = \begin{bmatrix} \dfrac{\partial R}{\partial X} & \dfrac{\partial R}{\partial Y} & \dfrac{\partial R}{\partial Z} \\ \dfrac{\partial C}{\partial X} & \dfrac{\partial C}{\partial Y} & \dfrac{\partial C}{\partial Z} \end{bmatrix}, 具体形式为$$

$$\frac{\partial R}{\partial X} = R_s \frac{\partial F_r}{\partial X} = R_s \frac{\partial F_r}{\partial X_n} \cdot \frac{\partial X_n}{\partial X} = \frac{R_s}{X_s} \cdot \frac{\partial F_r}{\partial X_n} = \frac{R_s}{X_s} \cdot \frac{\dfrac{\partial P_1}{\partial X_n} P_2 - \dfrac{\partial P_2}{\partial X_n} P_1}{P_2^2}$$

$$\frac{\partial R}{\partial Y} = R_s \frac{\partial F_r}{\partial Y} = R_s \frac{\partial F_r}{\partial Y_n} \cdot \frac{\partial Y_n}{\partial Y} = \frac{R_s}{Y_s} \cdot \frac{\partial F_r}{\partial Y_n} = \frac{R_s}{Y_s} \cdot \frac{\dfrac{\partial P_1}{\partial Y_n} P_2 - \dfrac{\partial P_2}{\partial Y_n} P_1}{P_2^2}$$

$$\frac{\partial R}{\partial Z} = R_s \frac{\partial F_r}{\partial Z} = R_s \frac{\partial F_r}{\partial Z_n} \cdot \frac{\partial Z_n}{\partial Z} = \frac{R_s}{Z_s} \cdot \frac{\partial F_r}{\partial Z_n} = \frac{R_s}{Z_s} \cdot \frac{\dfrac{\partial P_1}{\partial Z_n} P_2 - \dfrac{\partial P_2}{\partial Z_n} P_1}{P_2^2}$$

$$\frac{\partial C}{\partial X} = C_s \frac{\partial F_c}{\partial X} = C_s \frac{\partial F_c}{\partial X_n} \cdot \frac{\partial X_n}{\partial X} = \frac{C_s}{X_s} \cdot \frac{\partial F_c}{\partial X_n} = \frac{C_s}{X_s} \cdot \frac{\dfrac{\partial P_3}{\partial X_n} P_4 - \dfrac{\partial P_4}{\partial X_n} P_3}{P_4^2}$$

$$\frac{\partial C}{\partial Y} = C_s \frac{\partial F_c}{\partial Y} = C_s \frac{\partial F_c}{\partial Y_n} \cdot \frac{\partial Y_n}{\partial Y} = \frac{C_s}{Y_s} \cdot \frac{\partial F_c}{\partial Y_n} = \frac{C_s}{Y_s} \cdot \frac{\dfrac{\partial P_3}{\partial Y_n} P_4 - \dfrac{\partial P_4}{\partial Y_n} P_3}{P_4^2}$$

$$\frac{\partial C}{\partial Z} = C_s \frac{\partial F_c}{\partial Z} = C_s \frac{\partial F_c}{\partial Z_n} \cdot \frac{\partial Z_n}{\partial Z} = \frac{C_s}{Z_s} \cdot \frac{\partial F_c}{\partial Z_n} = \frac{C_s}{Z_s} \cdot \frac{\dfrac{\partial P_3}{\partial Z_n} P_4 - \dfrac{\partial P_4}{\partial Z_n} P_3}{P_4^2}$$

$I = \begin{bmatrix} R - R^0 \\ C - C^0 \end{bmatrix}$，其中 (R^0, C^0) 为利用未知数的近似值代入式（6.4）和式（6.5）计算出的像点行、列坐标。

每一个像点均可按照式（6.7）建立两个误差方程，当量测了足够多的像点时，就可以根据最小二乘平差原理形成法方程：

$$\begin{bmatrix} A^{\mathrm{T}}A & A^{\mathrm{T}}B \\ B^{\mathrm{T}}A & B^{\mathrm{T}}B \end{bmatrix} \begin{bmatrix} t \\ x \end{bmatrix} = \begin{bmatrix} A^{\mathrm{T}}I \\ B^{\mathrm{T}}I \end{bmatrix} \tag{6.8}$$

对式（6.8）可以按照光束法区域网平差中大规模法方程解算策略进行求解。

6.1.3 基于高程约束的卫星影像平面区域网平差

参与区域网平差的卫星影像间交会角较小（小于 10°）时，一般称为弱交会条件。此时,若采用传统的卫星影像平差方式会造成平差结果不收敛、连接点处高程求解异常等问题。针对这个问题,对弱交会条件下卫星影像的平面平差进行深入研究。卫星影像的平面平差是指在区域网平差过程中不求解连接点地面坐标的高程值,仅计算卫星影像的定向参数和连接点物方平面坐标的一种区域网平差方式,这种平差方式可以保证平差解算的稳定以及平差后物方点平面坐标的精度。和基于 RPC 的立体区域网平差类似,平面区域网平差并不改正 RPC 参数(rational polynomial coefficients,RPCs),而是仅仅改正 RPC 模型的系统误差补偿参数。RPC 模型的系统误差补偿模式可以分为物方补偿和像方补偿两种方案。研究表明,基于像方补偿方案能够很好地消除影像的系统误差,从而提高基于 RPC 的影像几何处理精度。

基于像方的系统误差补偿模型中最为常用的是仿射变换模型如式(6.6),即 6 个未知数,最少需要三个控制点进行参数求解。利用一个控制点可以求解偏移参数,即 e_0 和 f_0,这样几乎可以吸收大部分的误差。利用两个控制点即可同时求解平移和漂移(由陀螺随时间漂移等引起)量。

将像方补偿的仿射项参数 (e_0, e_1, e_2) 和 (f_0, f_1, f_2) 作为未知数与地面点平面坐标 (X, Y) 等未知数一并求解,即得到基于 RPC 模型的区域网平差误差方程式:

$$
\begin{bmatrix} v_r \\ v_c \end{bmatrix} = \begin{bmatrix} \dfrac{\partial r}{\partial e_0} & \dfrac{\partial r}{\partial e_1} & \dfrac{\partial r}{\partial e_2} & 0 & 0 & 0 & \dfrac{\partial r}{\partial X} & \dfrac{\partial r}{\partial Y} \\ 0 & 0 & 0 & \dfrac{\partial c}{\partial f_0} & \dfrac{\partial c}{\partial f_1} & \dfrac{\partial c}{\partial f_2} & \dfrac{\partial c}{\partial X} & \dfrac{\partial c}{\partial Y} \end{bmatrix} \cdot \begin{bmatrix} \Delta e_0 \\ \Delta e_1 \\ \Delta e_2 \\ \Delta f_0 \\ \Delta f_1 \\ \Delta f_2 \\ \Delta X \\ \Delta Y \end{bmatrix} - \begin{bmatrix} r - \hat{r} \\ c - \hat{c} \end{bmatrix} \quad (6.9)
$$

式中: $\Delta X, \Delta Y$ 为待定点的地面坐标改正数。

在每次平差结束之后得到连接点新的物方平面坐标,此时加入数字高程模型 DEM 作为高程约束,在连接点处通过 DEM 内插该点的地面点坐标高程值 Z(而非通过多片前方交会得到),将其与平面坐标 (X, Y) 一起代入平差系统中进行下一次迭代计算,直到整个平差过程收敛。

6.2　夜光遥感影像的动态范围压缩

目前夜光遥感影像动态范围压缩技术主要是针对美国的 DMSP 卫星,但是该卫星发射时间较早,其精度较低,已经不能满足研究需要。而珞珈一号 01 星作为最新发射具有夜光遥感载荷的卫星,其夜光影像动态范围为 16 bits,远大于 DMSP/OLS 的 6 bits 数据,因此珞珈一号卫星在细节的展示上要优于 DMSP/OLS 数据。同时因为其动态范围大于计算机的显示设备,所以需要对其进行动态范围压缩,而非 DMSP/OLS 数据的拉伸。又因为夜光遥感影像的灰度直方图类似于长尾分布,与一般高动态范围的自然图像的高斯分布不同,所以以往高动态范围自然图像的压缩显示方法并不能很好地处理珞珈一号卫星获得的夜光遥感影像。因此,需要设计一种适用于珞珈一号 01 星影像的动态范围压缩方法。首先计算夜光遥感影像的平均对数亮度,作为夜光影像的背景阈值;然后结合背景阈值,通过超像素分割预处理影像,将夜光影像分成若干亮度区域,获得每一个亮度区域的标签;最后结合 Sigmoid 函数和模糊函数,对聚类分割后的局部区域分别进行动态范围压缩,拉伸过饱和区域和暗调区域,增强中间调区域。

6.2.1　求解背景阈值

利用 Huang 等(2007)提出的基于 Sigmoid 函数的动态范围压缩方法,将平均对数亮度作为特征值,快速提取出夜光影像的背景阈值,每景影像具有动态调节的阈值,以去除背景亮度的干扰,平均对数亮度通过下式计算:

$$I_{avg} = \exp\left[\frac{1}{N}\sum \log(\varepsilon + I_w)\right] \qquad (6.10)$$

式中: I_w 为真实世界亮度; N 为图像像素个数; ε 为较小常数,保证对数运算过程中数值不为零。

6.2.2　超像素分割

利用 Achanta 等(2017)提出的 SNIC 超像素分割算法,将具有 N 个像素的影像快速分成 Z 个超像素,每个超像素的标签取值范围为 $1-Z$,且不重复;每个超像素的中心亮度通过下式计算:

$$C_i = \frac{1}{|\Omega_i|}\sum_{c_j \in \Omega_i} c_j \qquad (6.11)$$

式中: Ω_i 为第 i 个超像素的像素集合,集合中的每个像素都包含在第 i 个超像素范围内; c_j 为第 i 个超像素中第 j 个像素的亮度特征, $c_j = [l_j]$,其中 l_j 表示颜色的亮度。

由于夜光影像仅有亮度信息,需要修改相似性距离公式,修改后的公式如下:

$$\begin{cases} d_c = l_j - l_i \\ d_s = \sqrt{(x_j - x_i)^2 + (y_j - y_i)^2} \\ D = \sqrt{d_c^2 - \left(\frac{d_s}{S}\right)^2 m^2} \end{cases} \qquad (6.12)$$

式中: d_c 为亮度距离; d_s 为坐标距离; D 为相似性距离; S 为采样间隔,其值为影像像素数量与单个超像素内像素数量的比值; m 为超参数,其值越大,分割的超像素数量越少。

最后结合背景阈值,对于超像素中心亮度小于背景阈值的超像素,标记其为背景超像素。

6.2.3　动态范围压缩

对于背景超像素,根据背景阈值的不同,选择用对数函数或幂函数进行拉伸,以消除过多暗调背景造成的对比度失真的现象。

设置阈值 δ,对于背景阈值小于 δ 的影像,由于其暗调区域占据了影像的绝大部分(大于 90%),选择用幂函数进行拉伸,以消除整体影像偏暗的现象,幂函数如下:

$$\begin{cases} I' = \alpha \exp I \\ \alpha = \dfrac{1}{\exp(\max - \min)} \end{cases} \tag{6.13}$$

式中:I 为输入影像像素值;I' 为输出影像;max 和 min 分别表示输入影像最大值和最小值。

对于背景阈值大于 δ 的影像,由于暗调区域偏多,但没有占据影像的绝大部分(50%～90%),选择用对数函数进行拉伸,以消除整体影像偏暗的现象,对数函数如下:

$$\begin{cases} I' = \alpha \ln I \\ \alpha = \dfrac{1}{\ln(\max - \min + \beta)} \end{cases} \tag{6.14}$$

式中:I' 为输出像素值;I 为图像像素值;β 为一个极小正数,为了保证在对数运算中所有数值为正,α 为常数,其对输出值进行归一化调整,max 和 min 分别为输入影像的最大和最小像素值。

对于非背景超像素,利用 Sigmoid 函数对其拉伸或者压缩,Sigmoid 函数如下:

$$I_d = \frac{\ln(I_{\mathrm{wa}} + 1.0)}{\ln(I_{\mathrm{wa\_max}} + 1.0)\left[\exp(-\ln L_{\mathrm{wa}} + 1.0)\right]} \tag{6.15}$$

式中:$L_{\mathrm{wa}} = L_w / L_{\mathrm{avg}}$;$L_{\mathrm{wa\_max}} = L_{\mathrm{wmax}} / L_{\mathrm{avg}}$,$L_{\mathrm{wa}}$ 为亮度。

6.3　全国陆地一张图研制试验

6.3.1　数据介绍

采用的试验数据均为珞珈一号 01 星影像。试验区为覆盖全国的影像数据,共有 26 轨数据,共 275 景影像;DEM 为 30 m 格网如图 6.1 所示;控制点共 58 个,控制源为谷歌地球。具体试验区域的相关参数如表 6.1 所示。

表 6.1　试验区基本参数

项目	参数
影像分辨率/m	130
轨道数/条	26
控制点/个	58
连接点/个	1 602

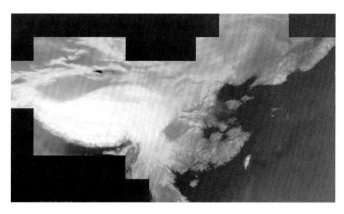

图 6.1　30 m 格网 DEM

6.3.2　试验方案设计

采用共 275 景珞珈一号 01 星夜光遥感影像分别进行无控和带控制的平面区域网平差,主要采用以下两种方案进行对比试验。

试验一:在谷歌地球中采集了共 58 个点作为检查点,平面平差采用 30 m 格网的 DEM 作为高程约束。该试验的目的是为了验证全国地形环境下无控的平面区域网平差所能达到的平面精度。

试验二:在谷歌地球中采集了共 25 个点作为控制点,33 个点作为检查点,平面平差采用 30 m 格网的 DEM 作为高程约束。该试验的目的是为了验证全国地形环境下带控制点的平面区域网平差所能达到的平面精度。

6.3.3　结果与分析

采用如 6.3.2 小节的试验方案对覆盖全国的珞珈一号夜光影像数据(275 景)进行平面平差试验,连接点、控制点/检查点点位和影像分布图如图 6.2 和图 6.3 所示。

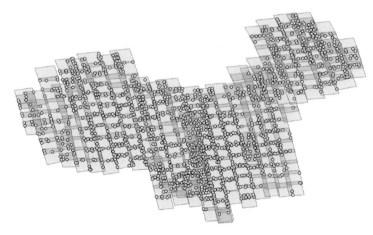

图 6.2　珞珈一号 01 星影像及连接点分布图

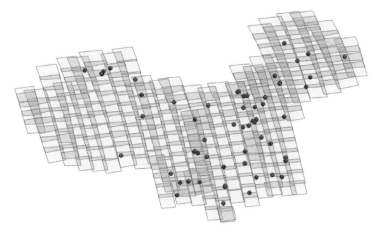

图 6.3 珞珈一号控制点/检查点点位分布图

试验结果如表 6.2 和表 6.3 所示，从试验结果来看，试验均达到预期的精度结果。无控中误差达到了平面 <1 个像素的精度水平。带控制的检查点中误差控制在平面 195 m（1.5 个像素）以内，并且控制网平差的连接处精度会比自由网平差略低，这是因为控制点精度不一致。由于平差时的控制点都作为真值，精度较差的控制点会影响整个区域网的网型，体现在接边处的精度存在略微的下降。并且对比测区的无控平差和带控平差的结果，可以从残差图上明显看出，较大的系统误差均被很好地消除了，如图 6.4 和图 6.5 所示。

表 6.2　全国珞珈一号夜光影像的平面平差连接点试验结果

平差方案	连接点 /个	控制点 /个	检查点 /个	中误差/像素			最大误差/像素		
				x	y	平面	x	y	平面
无控平差	1 602	0	58	0.418	0.427	0.598	−2.399	2.385	2.448
带控平差	1 602	25	33	0.684	0.707	0.983	−4.125	4.762	5.419

表 6.3　全国珞珈一号夜光影像的平面平差检查点试验结果

平差方案	连接点 /个	控制点 /个	检查点 /个	中误差/像素			最大误差/像素		
				x	y	平面	x	y	平面
无控平差	1 602	0	58	395.503	558.723	683.386	1 043.391	−1 704.824	1 939.699
带控平差	1 602	25	33	130.063	145.946	195.491	247.713	−285.730	310.087

通过平差结果可以看出，带控制点的区域网平差后检查点中误差达到了 1.5 个像素，而由残差图可以看出通过增加控制点，有效地提高了影像的绝对定位精度，由原始的 683.386 m 提高到 195.491 m。

通过叠加显示几何纠正后的影像接边处，其中部分影像接边情况如图 6.6 所示。

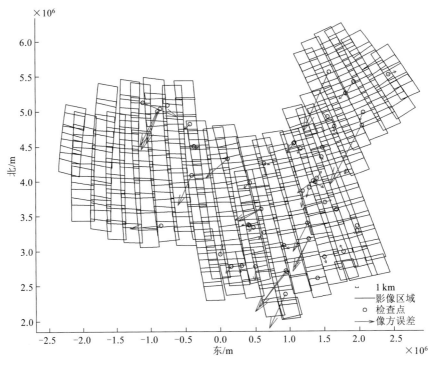

图 6.4　无控平差残差图

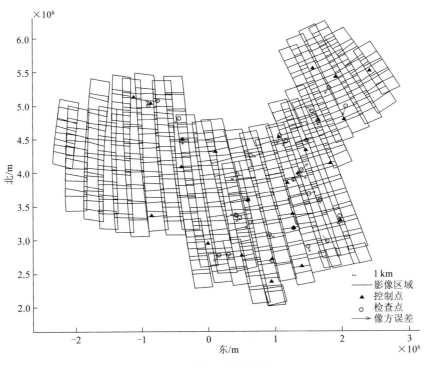

图 6.5　带控平差残差图

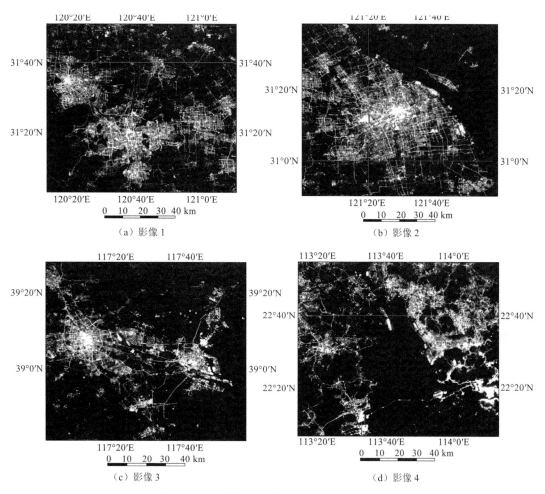

（a）影像 1   （b）影像 2

（c）影像 3   （d）影像 4

图 6.6 几何纠正后相邻影像的接边示意图

此外，通过将正射影像与 Suomi NPP/VIIRS 夜光卫星图叠加套合对比，通过卷帘模式下的对比图如图 6.7 所示。

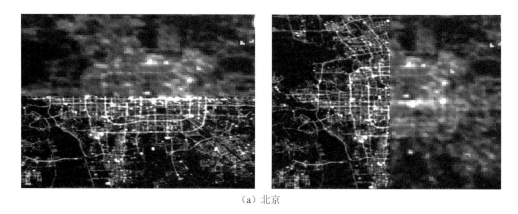

（a）北京

图 6.7 珞珈一号 01 星正射影像与 Suomi NPP/VIIRS 影像套合图

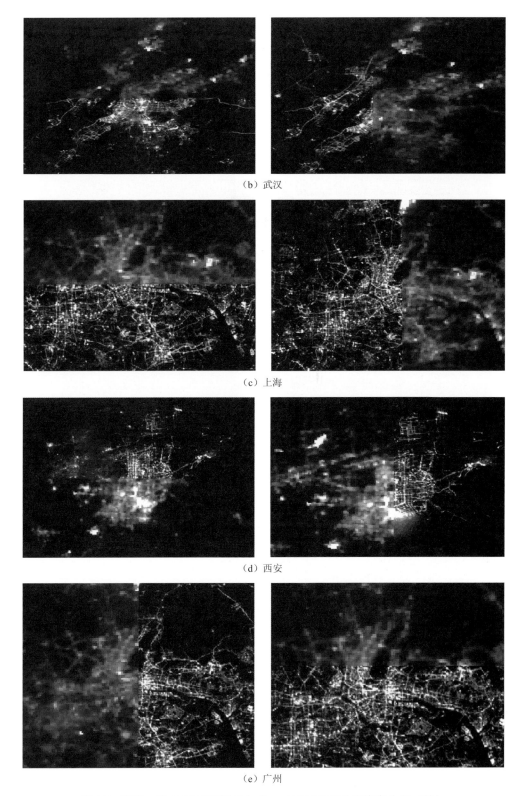

图 6.7　珞珈一号 01 星正射影像与 Suomi NPP/VIIRS 影像套合图（续）

在与 Suomi NPP/VIIRS 夜光影像图套合效果上可以看出，在展示的城市区域中，珞珈一号 01 星正射影像和 Suomi NPP/VIIRS 影像基本套合，珞珈一号 01 星夜光影像拥有更高的分辨率，为后续夜光应用提供了更多的空间信息。此外，也将珞珈一号 01 星的数据与高分三号的全国一张图进行比对以验证珞珈一号 01 星夜光影像一张图的绝度定位精度水平（图 6.8）。

（a）北京

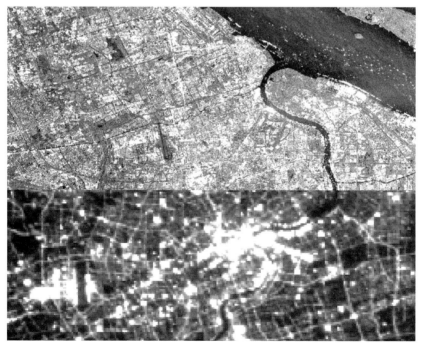

（b）上海

图 6.8　珞珈一号 01 星正射影像与高分三号全国一张图套合图

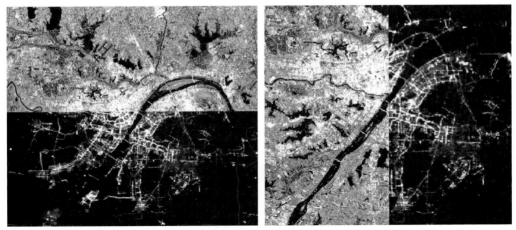

（c）武汉

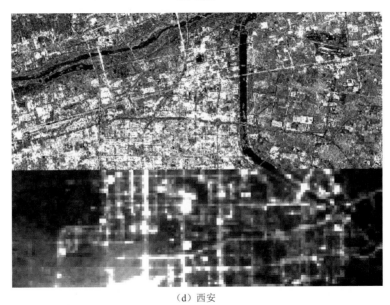

（d）西安

图 6.8　珞珈一号 01 星正射影像与高分三号全国一张图套合图（续）

　　针对覆盖全国的珞珈一号 01 星夜光遥感影像试验,通过弱交会条件下卫星影像的大区域平面平差的试验，可以得到如下的试验结论。

　　（1）针对覆盖全国的 275 景数据，自由网平差的结果为：连接点像方中误差 0.598 个像素，像方平面最大误差 2.448 个像素，检查点物方中误差 683.386 m，物方最大误差 1 939.699 m；

　　针对覆盖全国的 275 景数据，带控制点的区域网平差结果为：连接点像方中误差 0.983 个像素，像方平面最大误差 5.419 个像素，检查点物方中误差 195.491 m，物方最大误差 310.087 m；

　　（2）与 Suomi NPP/VIIRS 夜光遥感影像套合情况可以看出，目前珞珈一号 01 星带控正射影像的影像成像质量与空间信息丰富度都要优于 Suomi NPP/VIIRS 夜光影像。

（3）从高分三号全国一张图套合情况可以看出，虽然与高分三号全国一张图仍然存在 1~2 个像素的误差，但考虑的原始定位精度不高，且夜光影像对几何定位精度的需求不高，该误差属于正常范围内，因此目前珞珈一号 01 星正射影像的绝对定位精度基本可靠。

6.4　地面几何处理系统

6.4.1　分系统概述

珞珈一号地面几何处理分系统由预处理子系统、区域网平差子系统、正射纠正子系统、夜光影像镶嵌子系统组成。该系统实现夜光影像标准产品的快速高精度处理生产的全过程。珞珈一号 01 星地面几何处理系统主界面如图 6.9 所示。

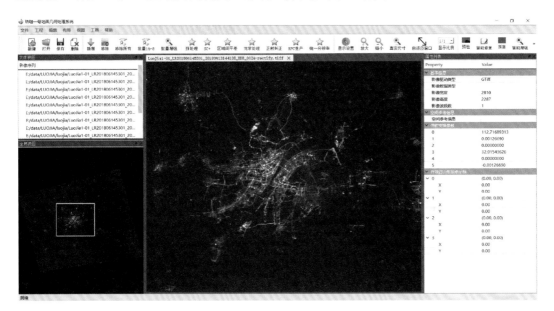

图 6.9　珞珈一号 01 星地面几何处理系统主界面

6.4.2　分系统功能

（1）预处理子系统。对获取的珞珈一号 01 星原始数据进行数据筛选处理，去除云量较大的影像。

（2）区域网平差子系统。针对筛选后的区域影像，进行夜光影像的自动匹配获取连接点；区域网平差实现区域影像的几何一致性处理；通过 RPC 精化模型实现对定位模型的误差补偿。

（3）正射纠正子系统。进行正射纠正处理，获取以一定地面分辨率投影在地球椭球面上的正射纠正产品。

（4）夜光影像镶嵌子系统。输入区域正射影像，进行智能化的影像拼接线生产；基于拟合的拼接线进行夜光影像的快速镶嵌处理；通过动态范围压缩处理，获取展示效果良好的区域一张图产品。

6.4.3　分系统流程

分系统处理流程如图 6.10 所示。

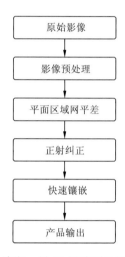

图 6.10　珞珈一号 01 星地面几何处理系统

6.4.4　预处理子系统

预处理子系统是平面几何处理系统的重要一部分，主要负责待处理数据的输入，并完成数据筛选工作。预处理子系统由数据输入模块和数据筛选模块组成。

（1）数据输入模块。数据输入模块是对获取的一级产品进行数据完整性检查，并进行入库处理。

（2）数据筛选模块。数据筛选模块是对输入的数据进行数据质量检查，包括几何质量和云量检测。

6.4.5　区域网平差子系统

区域网平差子系统是通过区域网平差完成影像的区域几何一致性处理，子系统由夜光影像匹配模块、区域网平差模块、RPC 模型精化模块组成。

（1）夜光影像匹配模块。夜光影像匹配模块是对输入的区域夜光影像进行自动化的夜光匹配处理，获取影像间的连接点文件，参与平差计算。

（2）区域网平差模块。利用夜光影像的 RPC 定位模型、影像匹配获取的连接点、地面控制点在数据高程模型的高程约束下完成平差解算，获取对 RPC 定位模型的补偿参数。

（3）RPC 模型精化模块。RPC 模型精化模块是利用影像原始的 RPC 定位模型与平差后获取的补偿参数联合解算,实现对原始定位模型的定位误差补偿,从而获取相对定位精度和绝对定位精度都较高的影像定位模型。

6.4.6　正射纠正子系统

正射纠正子系统是对原始影像进行正射纠正处理获取以一定地面分辨率投影在地球椭球面上的正射纠正产品。正射纠正子系统包括系统几何纠正模块、几何精纠正模块和正射纠正模块。

（1）系统几何纠正模块。系统几何纠正模块在原始影像基础上,按照一定的地球投影,以一定地面分辨率投影在地球椭球面上的几何产品,影像带有了相应的投影信息。该产品附带 RPC 模型参数文件。

（2）几何精纠正模块。几何精纠正产品是在原始影像的基础上,利用控制点消除了部分轨道和姿态参数误差,将产品投影到地球椭球面上的几何产品。该产品附带 RPC 模型参数。

（3）正射纠正模块。正射纠正模块在原始影像基础上,利用精细的 DEM 和控制点进行正射纠正处理,获取带有地理编码的正射纠正产品。

6.4.7　夜光影像镶嵌子系统

夜光影像镶嵌子系统是对输入的区域正射影像进行拼接处理,获取区域夜光一张图的处理过程。夜光影像镶嵌子系统包括拼接线生产模块、快速镶嵌模块和动态范围压缩处理模块。

（1）拼接线生产模块。拼接线生产模块是基于夜光影像的规范化产品,基于全变分模型和 Voronoi 图,实现区域影像拼接线的快速拟合,获取影像拼接线。

（2）快速镶嵌模块。快速镶嵌模块是利用生产的拼接线对区域夜光正射影像进行快速的镶嵌处理以获取区域夜光影像一张图。

（3）动态范围压缩处理模块。动态范围压缩处理模块是基于珞珈一号卫星影像的动态范围压缩方法,通过算法处理获取全局和细节展示效果良好的标准夜光产品。

第 **7** 章

珞珈一号 01 星数据管理与服务

本章将从珞珈一号 01 星遥感产品数据存储格式出发,阐述数据管理、数据分发服务、Web 端及智能移动端数据服务等相关技术,对产品覆盖和注册用户状况进行统计分析。

数据管理与服务负责解析珞珈一号产品数据并将产品数据入库,进而以服务的形式对外进行发布,使得各类用户可以通过 Web 或智能移动终端方式快速浏览、下载、查询相关产品数据。接收 2 级数据产品,对其进行解析后,按产品图像、产品属性、产品空间特征等特性入库,通过数据管理系统完成产品数据存储(入库、导出)、系统运行监控、用户管理、日志管理等功能,通过数据分发服务提供产品数据查询(产品空间查询、产品属性查询、产品所属行政区查询等)、卫星位置查询、产品数据下载,通过 Web 端及智能移动端完成了数据的查询、展现、共享。

7.1　产　品　数　据

珞珈一号 01 星产品数据存储格式采用压缩包（*tar.gz）方式，压缩包中包含多个文件，主要包含原始影像数据文件、数据属性信息文件、缩略图、数据说明等文件。

（1）产品图像文件（*.tif）；

（2）产品 RPC 文件（*_rpc.txt.tif，*_rpc_check.txt）；

（3）产品元数据（*_meta.xml）；

（4）产品矢量范围文件（*.shp，*.prj，*.shx，*.dbf）；

（5）产品浏览图、拇指图文件（*.jpg，*_thumb.jpg）；

（6）产品授权文件（License.txt）；

（7）产品说明文件（Readme.txt）；

（8）带地理参考 TIF 产品数据（*_gec.tif）；

（9）带地理参考 JPG 产品数据（*_gec.jpg）。

压缩包文件命名统一采用：（LuoJia-01）+产品级别（_LR）+成像时间+采集时间+产品序列号+产品类型的命名方式。珞珈一号 01 星产品命名规则如下。

SatelliteID_ScheduleID_ImagingTime_CameraID_FrameID.tif

SatelliteID：卫星名称，默认 Luojia1-01

ScheduleID：接收任务计划号（可回归地面站接收原始数据）

ImagingTime：成像时间（时分秒）

CameraID：相机成像模式

FrameID：帧流水号

珞珈一号 01 星产品数据文件命名样例如图 7.1 所示。

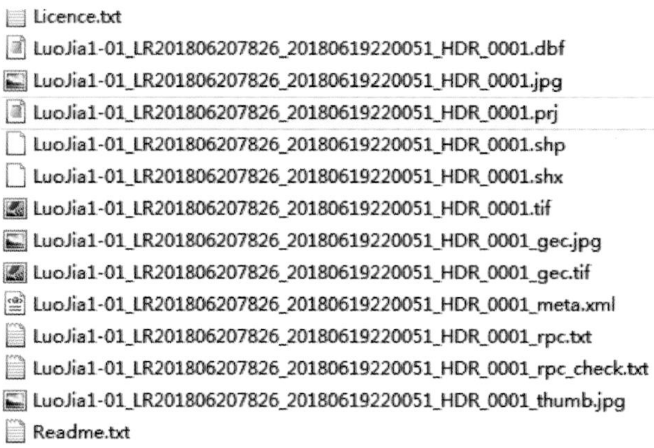

```
📄 Licence.txt
📄 LuoJia1-01_LR201806207826_20180619220051_HDR_0001.dbf
🖼 LuoJia1-01_LR201806207826_20180619220051_HDR_0001.jpg
📄 LuoJia1-01_LR201806207826_20180619220051_HDR_0001.prj
📄 LuoJia1-01_LR201806207826_20180619220051_HDR_0001.shp
📄 LuoJia1-01_LR201806207826_20180619220051_HDR_0001.shx
🖼 LuoJia1-01_LR201806207826_20180619220051_HDR_0001.tif
🖼 LuoJia1-01_LR201806207826_20180619220051_HDR_0001_gec.jpg
🖼 LuoJia1-01_LR201806207826_20180619220051_HDR_0001_gec.tif
📄 LuoJia1-01_LR201806207826_20180619220051_HDR_0001_meta.xml
📄 LuoJia1-01_LR201806207826_20180619220051_HDR_0001_rpc.txt
📄 LuoJia1-01_LR201806207826_20180619220051_HDR_0001_rpc_check.txt
🖼 LuoJia1-01_LR201806207826_20180619220051_HDR_0001_thumb.jpg
📄 Readme.txt
```

图 7.1　珞珈一号 01 星产品数据文件命名样例

7.1.1　产品数据入库与服务流程

数据处理与生产系统和数据管理与服务系统之间通过共享文件区方式完成数据交互。数据处理与生产系统将已处理好的产品数据自动存储或拷贝到数据管理服务器开辟的共享文件区,服务器程序监控共享文件区的数据变化,将新增产品进行解析和完整性检查,提取产品数据图像、产品数据属性、产品数据空间坐标,将提取的属性信息存入数据库,以便进行查询检索。同时,将验证合格的产品数据文件移动到指定文件夹,为后续产品数据分发和下载提供数据支撑。

基于解析后的产品数据库,对数据管理与服务系统开发了数据查询、数据预览、用户登录、注册、下载等功能接口,后台监控程序统计用户使用和下载情况,通过对系统不断调优,确保系统稳定可靠的运行,其基本过程如图 7.2 所示。

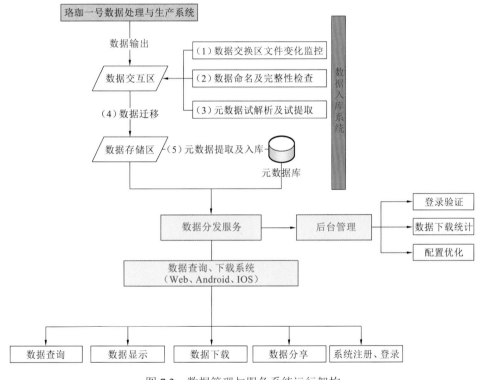

图 7.2　数据管理与服务系统运行架构

7.1.2　产品数据动态解析入库技术

珞珈一号 01 星的数据处理与生产系统基于 Windows 平台,数据管理与服务系统基于 Linux 平台,为了兼容这两个平台,选择共享文件区方式进行数据交换,减少硬盘拷贝数据带来的烦琐操作,并可保证产品数据及时更新入库。当新的产品数据进入共享文件区时,对产品数据文件进行变化动态监控及对产品数据数目及类型进行检测,快速挑选出合格产品,进而解析产品 xml 文件,提取产品属性和空间信息存入数据库中,并将产品数据文件移入服务器指定目录,每个产品数据处理流程约 1 min,整个过程主要涉及如下几方面的技术方法。

1. 产品数据文件动态监控

通过定时触发程序来动态读取共享文件区的文件夹,获取文件夹列表,利用文件线程检测程序,判断产品数据文件从数据处理与生产系统存储到共享文件夹下过程是否结束,进而对产品数据数目及类型进行检测。

2. 产品数据数目及类型检测

由于各种因素会出现产品数据可能包含一些命名不符合规范的文件或者一些文件不完整的影像产品,需要将符合规范的产品入库,将不符合规范的产品反馈给数据处理于生产系统重新生产,从而排除不合格的产品数据。对文件夹命名与数据文件交换规范进行匹配,数据类型检测判断数据类型,如".jpg""_gec.tif""_meta.xml""_thumb.jpg""_gec.jpg"是否符合要求来保证新产品数据的完整性。

3. 产品数据属性解析及存储

为搭建产品数据查询服务,需要存储产品数据的属性信息和空间位置信息,解析就是将产品数据的属性存入数据库的过程。通过解析产品 xml 文件获取如:经纬度、景号、景ID、采集时间等产品信息后进行数据库存储。为了使数据管理员更方便地管理产品数据存储,数据的存储路径根据影像的成像时间来存储,并打包成.tar.gz 格式的压缩包方便不同平台用户下载和使用。

各个监测和处理程序独立运行,通过共享队列来进行信息交换,基于消费/生产模式来实现流程控制,在各个监测和处理程序之间达到均衡状态。

7.1.3 多用户并发访问能力提升

在多用户 Web 应用中,每个连接都会生成一个新线程,特别是本应用中主要是支持多用户的产品数据快速下载,每个新线程大概需要 2 MB 内存。在一个拥有 8 G 的内存系统上,理论上最大的并发连接数量是 4 000 个用户。传统上解决方案是添加服务器,这样高并发设计会存在资源有限和占用额外资源问题。本系统运行过程中,比较慢的环节主要在磁盘读取或网络请求阶段,这时 CPU 处于闲置状态,如果在等待 I/O 操作时,能够释放处于闲置状态的 CPU,则可以很大程度上利用资源。

本系统中采用事件驱动和非阻塞 I/O 模型策略解决用户高并发请求问题。在执行过程中,处理引擎把 I/O 操作等耗时较多操作及相关回调一并交给 I/O 处理库去处理,而处理引擎继续执行后续代码,当事件处理完成后,I/O 处理库把事件回调函数扔到事件队列里,当下一次检查事件队列时,就执行该回调函数,各线程之间异步通信,相互之间通信不阻塞,达到提升并发访问能力的目的。具体过程如图 7.3 所示。

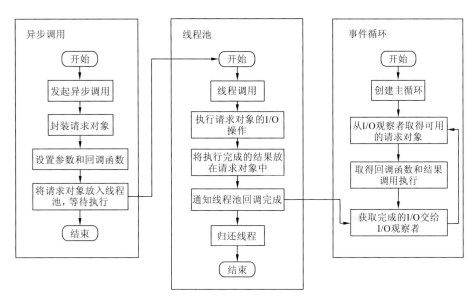

图 7.3　异步处理 I/O 加速流程

利用事件循环创建事件队列的方式,可以释放线程的同时重新调用线程,在同等的硬件条件下可以保证 5 万以上的用户同时访问,不至于服务器崩溃,负载能力至少可以提高 3 个数量级。

7.1.4　服务监控和负载均衡

利用负载均衡集群创建一个监控集,根据指定数量复制出多个工作线程,监控集通过处理器通道与工作线程进行通信,根据各工作线程的执行时间、内存消耗、调用频繁度来配置线程之间的压力。负载均衡使用循环算法调度策略,监控集接受所有传入的连接请求,将相应的请求处理发送给选中的工作线程,并进而控制服务进程的重启、关闭、停止等状态,达到监控和负载均衡目的。具体过程如图 7.4 所示。

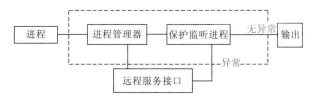

图 7.4　服务监控过程

通过服务监控和负载均衡可以保障在没有管理人员维护的条件下,在服务出现断电或者某个服务无响应等异常问题的情况时,服务可以自动重启,在某个服务占用数据负载过多时,通过负载均衡调节使其他服务不会崩溃,使用户正常访问,几乎不需管理人员去监管,极大地降低了服务器管理工作量。通过使用循环算法调度策略的负载均衡可以根据实现 CPU 占用情况进行动态调配,成倍地提高系统运行效率。

7.1.5　用户下载监控及统计

当用户开始下载数据时,通过记录用户的 ID、下载的数据 ID 和用户请求的本地 IP
地址,获取用户下载数据的记录表。通过数据 IP 统计可防止同一网段不同用户恶意下载
数据,并进而建立 IP 黑名单,阻止恶意下载拷贝数据;结合数据下载时间、下载次数、下
载用户统计出不同的结果,具体的实现流程如图 7.5 所示。

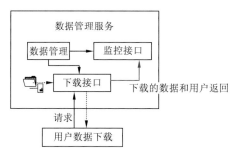

图 7.5　下载监控和管理服务

7.2　产品数据查询、展现及分享

7.2.1　接口一致性查询及展现一体化应用

将空间查询及属性查询进行标准接口封装,实现多条件查询的一体化应用集成,各种
查询方式及查询结果以 Map 集合进行应用集成,通过网络与服务器进行数据的交互,服
务器根据 Map 集合中的键值对查找相应的数据生成 Json 文件返回给客户端,由客户端进
行解析后展示。对查询到的结果数据,用户可直接下载或预览产品详情并支持将信息分
享至主流社交软件,其过程如图 7.6 所示。

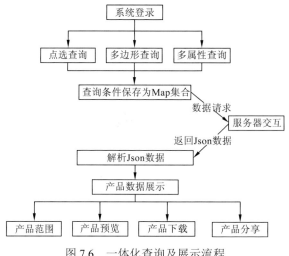

图 7.6　一体化查询及展示流程

通过保持接口一致性,可在网络环境下快速移植到其他主流开发平台,较好地支撑系统升级和扩展,同时,查询及展示一体化应用技术具有较好兼容性和快速集成特性,可极大地扩展产品数据的分享模式。最后,通过接口一致性,可减少软件开发人员对系统开发、维护和扩展的工作量,提高软件开发的重用性,降低维护成本。

7.2.2　产品数据展示的空间位置计算

查询到的产品数据需要叠加至地图上,产品数据中包含的 JPG 数据本身没有携带经纬度参数,需要再设置图片的经纬度展示范围。首先读取该原始数据中的 xml 文件,从中获取该图片的四点经纬度,制作一个矩形 box,将矩形 box 添加至地图中,JPG 图片填充至矩形 box 中进行展示,通过该方法填充展示的图片,可以跟随地图层级的变化而变化。从数据中获取的四点经纬度坐标是不包含图片黑边的坐标,即并不是该数据的最大经纬度坐标,需要通过计算排序后得出最大的经纬度 box 才能填充下图片,如图 7.7 的移动端产品数据展示。

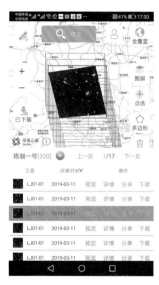

图 7.7　移动端产品数据展示

7.2.3　JPG 数据去黑边

通过对原始数据的展示,可以发现 JPG 图片四周会有不定形状和大小的影像黑边,这会严重影响用户的体验,需要对原始图片进行处理后再展示。产品数据中 xml 文件中的经纬度是不包含黑边的,是 JPG 图片的真实经纬度范围。通过计算该 JPG 图片展示时所需要的最大 box 范围和图片的像素大小,利用上述三个数据要点能将图片的黑边切除,只展示数据的真实部分。

首先根据该图片真实经纬度 A、B、C、D 四点计算出能填充该图片的 box 范围 A'、B'、C'、D',此时因为已知图像长宽,则能得出 A'、B'、C'、D',在屏幕上 XY 坐标点,根据 A'、B'所代表纬度长和图片长 PX1 能获取图片 Y 轴上每个纬度所代表的 PX 值。同理,根据 B'、C'和 PX2,能计算出图片 X 轴上每个经度所代表的值,然后通过 $A'B$、$D'D$ 纬度差和 $B'C$、$A'A$ 的经度差,计算出 $ABCD$ 四点的屏幕坐标,最后将 $ABCD$ 地点的坐标连接成一个闭合四边形,将四边形之外所有的图像使用透明色代替,如图 7.8 和图 7.9 所示。

7.2.4　移动端数据分享

通过数据查询获取的数据可以进行分享,分享方式有三种:一是单张数据图片的分享,二是图片、链接、注释的组合分享,三是原始数据包的分享。针对前两种分享,采用主流社交软件(QQ、微信)提供的 Api 进行分享,将软件在 QQ 和微信上进行提交审核

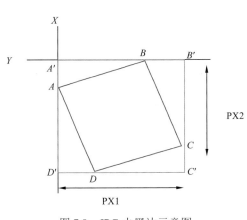

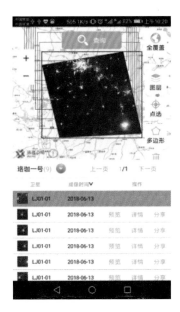

图 7.8　JPG 去黑边示意图　　　　　　　图 7.9　JPG 去黑边展示

后拿到本软件的唯一 ID，每次分享前，会通过唯一 ID 进行实例化，将该数据中的所有数据进行分享前的数据填充，通过调用 Api 进行数据的简单分享。针对下载完成的产品数据包，上述 Api 不再支持直接分享，采用手机厂商自带的分享系统进行分享，产品数据包分享前，获取该手机所属的手机厂商，根据不同的厂商调用对应的分享意图进行分享，通过该方法分享的数据，可以连通所有主流社交软件，包含 QQ、微信、微博、邮件、网盘等，如图 7.10、图 7.11 所示。

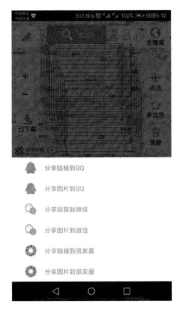

图 7.10　产品图片、链接分享　　　　　　图 7.11　产品数据包文件分享

7.2.5　卫星实时位置展示

为了实时展示珞珈一号 01 星的空间位置，智能移动端每次登陆软件时会使用后台访问指定网站，通过解析网站 html 信息获取珞珈一号 01 星最新两行轨道根数（two-line element，TLE）值，根据 TLE 两行数据解析计算出卫星 6 个轨道根数（半长轴、离心率、倾角、升交点赤经、近地点幅角、平近点角）及该轨道根数的时刻，通过上述参数进行校正和计算后获取卫星的星下点位置并在地图上实时显示，然后模拟卫星飞行一圈的时间计算出飞行一圈所经过的所有点，将所有的点在地图上进行展示，最后注册一个广播接收者，对手机时间进行监听，一旦手机时间进行到卫星下一圈的时间，将自动计算卫星下一圈飞行的所有点并进行展示，如图 7.12 所示。

图 7.12　珞珈一号 01 星实时位置

7.3　产品数据服务状况

7.3.1　全球覆盖状况

截至 2019 年 5 月 31 日，珞珈一号 01 星总共获取 11 514 景影像数据，全球覆盖如图 7.13 所示。

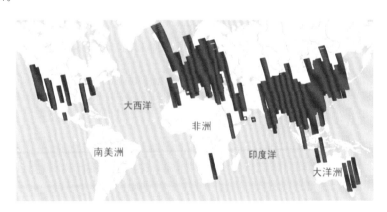

图 7.13　截至 2019 年 5 月 31 日珞珈一号 01 星全球覆盖图

7.3.2　中国覆盖情况

截至 2019 年 5 月 31 日，珞珈一号 01 星数据中国覆盖区域情况如图 7.14 所示，大约 4 700 景数据。

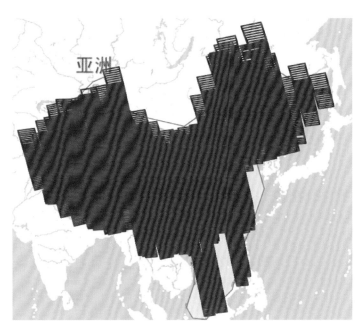

图 7.14　截至 2019 年 5 月 31 日珞珈一号 01 星中国覆盖状况

7.3.3　数据分发服务情况

截至 2019 年 5 月 31 日,珞珈一号 01 星的夜光遥感数据已经向 22 个国家和地区(包括美国、德国、法国、英国、加拿大、以色列、澳大利亚等) 3 000 多非注册用户、1 200 多注册用户免费分发了 26 万多景夜光影像,注册用户主要来自高校师生、科研单位,如图 7.15 和图 7.16 所示。

id	成像时间	路径	产品命名	下载次数	操作
10949	2018-11-23	/datas/imageryData/2018/11/23/	LuoJia1-01_LR201811232280_20181123142804_HDR_0044	492	预览
7646	2018-09-26	/datas/imageryData/2018/9/26/	LuoJia1-01_LR201809275976_20180926141010_HDR_0029	355	预览
7644	2018-09-26	/datas/imageryData/2018/9/26/	LuoJia1-01_LR201809275976_20180926141005_HDR_0028	350	预览
10926	2018-11-23	/datas/imageryData/2018/11/23/	LuoJia1-01_LR201811232280_20181123142554_HDR_0018	294	预览
80	-	-	-	293	预览
3784	2018-06-16	/datas/imageryData/2018/6/16/	LuoJia1-01_LR201806175049_20180616141548_HDR_0018	293	预览
3786	2018-06-16	/datas/imageryData/2018/6/16/	LuoJia1-01_LR201806175049_20180616141552_HDR_0019	275	预览
7642	2018-09-26	/datas/imageryData/2018/9/26/	LuoJia1-01_LR201809275976_20180926140955_HDR_0026	272	预览
5735	2018-08-26	/datas/imageryData/2018/8/26/	LuoJia1-01_LR201808271504_20180826145119_HDR_0035	270	预览
6187	2018-09-03	/datas/imageryData/2018/9/3/	LuoJia1-01_LR201809046005_20180903144434_HDR_0004	269	预览

图 7.15　珞珈一号 01 星产品数据下载统计

电话号	姓名	职务	用户职称	工作单位	专业	下载次数
-		-	-	-	-	86565
13299132837		工程师	硕士	西北大学	地图学与地理信息系统	48763
13521319925		助教	助教	中科院地理所	地理信息系统	30648
18086449771		学生	学士	华中师范大学	人文地理与城乡规划	6979
18809461750		研究生	硕士	西北师范大学地理与环境科学学院	人文地理学	6343
18672318985		博士研究生	博士	中国林科院	遥感	6201
18920933735		学生	学士	云南大学	地理信息科学	5927
18847653503		学生	学士	云南大学	地理信息科学	5324
18715987800		技术员	教授	中科院地理所	环境保护	4445
18339199085		学生	硕士	河南理工大学	地信	4208

图 7.16　珞珈一号 01 星数据用户下载统计

7.3.4　用户地理和行业分布

从中国注册用户分布情况来看,与历史上的胡焕庸线非常吻合,也反映了我国当前经济和社会发展现状,如图 7.17 所示。北京地区注册用户主要分布在中轴线以北,如图 7.18 所示。武汉地区注册用户分布与高校位置基本吻合,如图 7.19 所示。

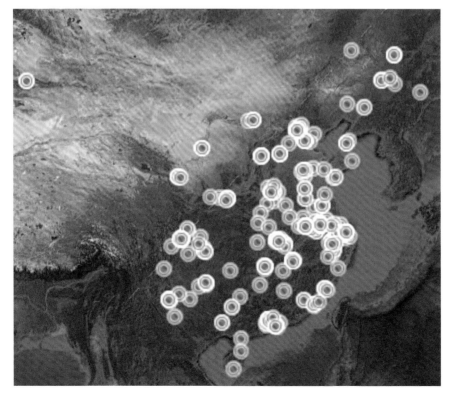

图 7.17　珞珈一号 01 星中国注册用户分布状况

图 7.18　珞珈一号 01 星北京注册用户分布状况

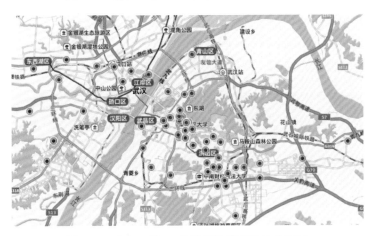

图 7.19　珞珈一号 01 星武汉注册用户分布状况

　　珞珈一号 01 星注册用户涉及多个行业，截至 2019 年 5 月 31 日，用户行业统计如表 7.1 和图 7.20 所示。

表 7.1　珞珈一号 01 星注册用户行业统计

行业	行业内容	百分比/%
地理信息	地理信息、GIS、摄影测量、遥感等	25
发展规划	城乡规划、发展改革等	31
土地资源	国土、资源等	4
经济研究	国民经济、市场经济、地区经济等	8
环境气象	环境保护、气象等	9
空间信息	空间研究、空间物理、卫星等	3
林、农、水	林业、农业、水利、海洋等	4

续表

行业	行业内容	百分比/%
地质与灾害	地质监测、灾害监测与预防等	3
军事与交通运输	军事防御、反演、交通运输等	2
人工智能与大数据	人工智能、机器学习、大数据等	3
其他	人文娱乐、电子信息、IT 等其他	8
总计		100

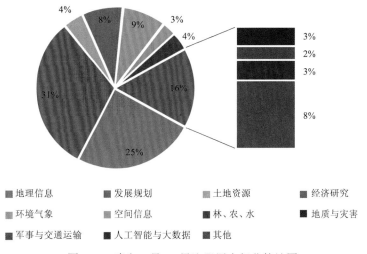

图 7.20　珞珈一号 01 星注册用户行业统计图

　　经过近一年的运行,珞珈一号 01 星用户保持较高的活跃度,平均每天有近 10 个新用户注册,图 7.21 所示为 2019 年 4 月 1 日～6 月 9 日的新用户注册统计。

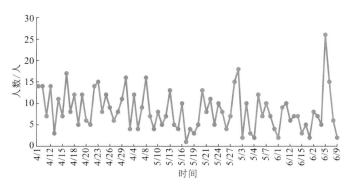

图 7.21　2019 年 4 月 1 日～6 月 9 日珞珈一号 01 星新用户注册统计

7.3.5　应急服务

　　珞珈一号 01 星科学试验卫星面向瑞典火山喷发后火灾（2 天）、印尼龙目岛地震（3 天）灾害响应需求,及时提供了夜光影像,如图 7.22 所示。

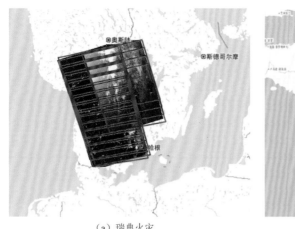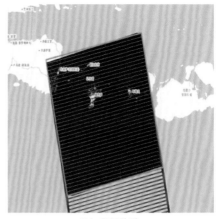

（a）瑞典火灾　　　　　　　　　　　　　　（b）印尼地震

图 7.22　珞珈一号 01 星应急反应数据

7.4　数据管理与服务分系统

珞珈一号数据管理与服务分系统由产品数据入库子系统、产品数据管理子系统、产品数据服务子系统、Web 端查询展示子系统、移动端查询展示子系统组成。该系统实现夜光影像产品数据的入库、管理、分发及查询展示。

7.4.1　分系统概述

数据管理和服务分系统目的是使用户更快捷、方便地获得自己查询筛选的数据，整个系统的组成包含了产品数据入库子系统、产品数据管理子系统、产品数据服务子系统，然后通过了移动端和 Web 端两种方式来展示。

7.4.2　分系统功能

（1）产品数据入库子系统。通过对产品数据的文件个数、类型识别筛选出合格的产品数据，然后读取 xml 文件，在数据库中记录产品数据属性的详细信息，产品数据的属性信息存储后，开始对产品的文件进行存储，根据产品数据采集时间创建数据存储路径，最后将产品数据文件存储到服务器。

（2）产品数据管理子系统。对产品数据下载、用户下载统计等状态进行监控。

（3）产品数据服务子系统。通过搭建数据服务，提供数据查询、用户注册登录、下载等服务接口。

（4）Web 端查询展示子系统。利用数据的位置信息和其他属性，提供用户多种查询方式，结合数据的发布，将数据可视化地展示在底图上，可以缩放地图更清晰地预览到数据细节部分。

（5）移动端查询展示子系统。用户可以通过移动端查询、预览、分享、下载产品数据。

7.4.3　分系统流程

分系统流程如图 7.23 所示。

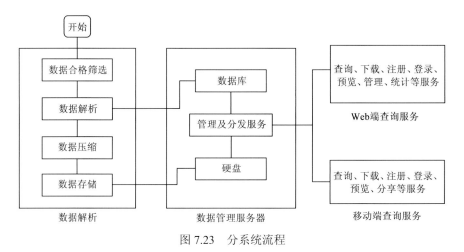

图 7.23　分系统流程

7.4.4　产品数据入库子系统

产品数据入库子系统从数据交换区中接收数据处理与生产系统传递过来的产品数据,对其进行解析和验证,将相关信息存储到数据库,为后续数据查询、发布、下载准备数据。其主要功能模块如下:

(1)数据解析模块。解析产品数据的 xml 文件,将产品数据的基本属性存储到数据库中。

(2)数据压缩模块。将产品数据文件和产品数据属性的 xml 文件压缩成 tar.gz 格式,作为后续的用户下载文件。

(3)数据存储模块。根据产品数据的采集时间,创建数据存储路径,然后将产品数据从缓存区移动到数据存储服务器中。

7.4.5　产品数据管理子系统

产品数据管理子系统负责为管理提供系统运行状态、数据下载状况等信息,为系统调优和安全提供帮助。它主要包括如下几个功能模块。

(1)产品统计模块。统计每景数据的下载情况,管理员可以删除数据,数据删除后,数据将不会在查询界面中显示。

(2)用户下载统计模块。统计用户的数据下载情况,管理员可以查看、管理用户下载。

(3)IP 统计模块。IP 统计模块记录了用户下载的 IP 地址,通过 IP 地址可以判断用户位置来源,防止用户恶意拷贝数据,管理员可以禁用下载 IP,阻止特定 IP 用户下载。

(4)时间统计模块。根据用户下载,记录数据每日预览下载的次数,更好地统计产品的使用情况。

7.4.6　产品数据服务子系统

　　产品数据服务子系统为 Web 端和移动端各种查询、展示、下载提供数据服务，主要包括：数据查询模块、数据展示模块、数据下载模块、用户注册登录模块。

　　（1）数据查询模块。数据查询模块包含了数据经纬度查询、产品名称查询、产品国内行政区域查询等基本的数据属性查询方式；同时也包含了点选、框选、多变形选的地图可视化查询。

　　（2）数据展示模块。数据展示模块通过采用地图发布服务将数据发布出来，然后结合底图矢量将数据清晰快速地展示出来。

　　（3）数据下载模块。用户可以下载自己查询筛选数据，下载的产品数据为 tar.gz 格式的压缩包。

　　（4）用户注册登录模块。用户可以采用手机号和邮箱两种注册方式，注册成功后（邮箱注册需要邮箱激活），邮箱和电话号码作为用户的登录名，用户可以登录去查询下载数据，无须管理员审核。

7.4.7　Web 端查询展示子系统

　　Web 端查询展示子系统与产品数据服务子系统功能基本对应，是将产品数据服务子系统提供的各类服务，以界面形式向用户展现，方便用户操作。展示子系统采用了英文和中文两种语言展示，数据查询包含行政查询、经纬度查询、文件名、采集时间、框选、点选、多边形选等多种查询方式相结合。如图 7.24 和图 7.25 所示。

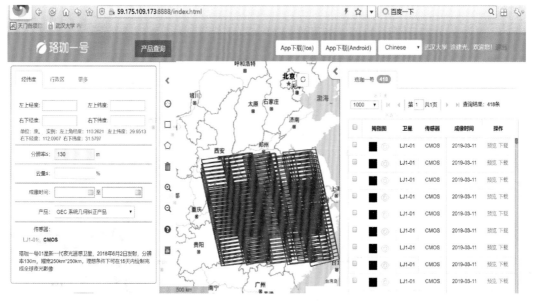

图 7.24　Web 中文查询界面

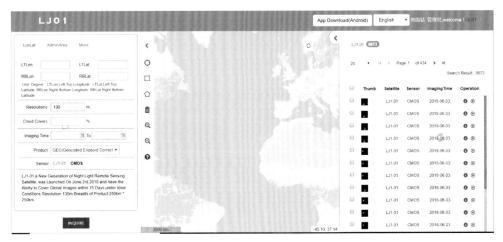

图 7.25 Web 英文查询界面

用户可以通过"高分湖北中心"网站（http://datasearch.hbeos.org.cn:3000/#）进行数据查询，也可以通过珞珈一号 01 星专用查询系统（http://59.175.109.173:8888/）进行查询。

7.4.8 移动端查询展示子系统

移动端查询展示子系统是在智能移动终端上通过经纬度查询、区域查询、产品号查询等方式，获取符合查询条件的珞珈一号 01 星数据，用户可对查询到的数据进行查看展示和其他操作。该系统包括用户模块、查询模块、产品展示模块、辅助模块。

（1）用户模块。该模块主要用于用户的注册和登录，用户可以通过手机号和邮箱地址进行注册，注册时需要填写注册信息，可以在个人中心中查看和修改个人信息，注册时使用的手机号和邮箱地址将作为用户的唯一登录凭证保存。

（2）查询模块。查询模块是子系统中比较重要的模块，主要是通过经纬度、行政区、产品号等方式进行数据的查询，可以进行云量、生产时间等多条件查询，查询后的数据范围框将直接在地图界面进行展示，可以对需要的数据进行卫片加载展示。如图 7.26 所示。

图 7.26 多条件组合查询结果

（3）产品展示模块。数据模块是子系统中最重要的模块，是对查询所得数据进行展示的模块，所有符合查询条件的数据均在地图界面通过数据范围框和简要列表信息展示，可以对数据进行预览、查看详情、下载、分享等操作。如图 7.27 所示。

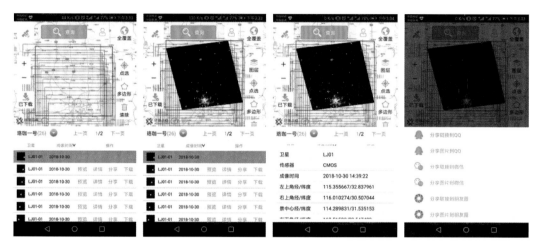

图 7.27　数据展示、预览、分享

（4）辅助模块。辅助模块是为方便用户使用所提供的模块，在该模块下提供产品全覆盖功能、卫星实时位置展示功能、中英文切换功能等，方便用户获取当前珞珈一号 01 星在世界范围内覆盖情况和查看卫星实时的位置。

用户可以通过扫描下列二维码来安装 Android 版本 APP 或从苹果商店搜索"珞珈一号"安装苹果版本的 APP。如图 7.28 所示。

图 7.28　移动版查询展示系统的下载安装

第 8 章

珞珈一号 01 星在社会经济中的应用

本章将在利用珞珈一号 01 星夜光数据评估社会经济参量相关性的基础上，提出用发展指数和未来发展指数来评估经济发展。

8.1　社会经济参量评估

利用珞珈一号 01 星 2018 年 6 月至今夜光遥感制成的珞珈一号 01 星夜光遥感全国一张图，提取灯光数据进行经济评估。

8.1.1　研究区域及数据

为科学反映我国不同区域的社会经济发展状况，将我国经济区域划分为东部、中部、西部和东北四大地区。东部地区沿海率先发展，经济最好，包括北京、天津、河北、山东、上海、江苏、浙江、福建、广东、海南 7 省 3 直辖市；中部地区经济崛起，增速最快，包括山西、安徽、江西、河南、湖北、湖南 6 省。本节分别选取东部地区和中部地区 87 个和 80 个地级市及以上城市作为研究区域，简称为统计单元。

采用珞珈一号 01 星夜间灯光遥感数据 2018 年 6～12 月数据产品，如图 8.1（a）所示。采用 Suomi NPP/VIIRS 夜间灯光遥感数据 2018 年 4 月的无云合成月平均产品，如图 8.1（b）所示，数据来源于美国国家海洋大气管理局下的国家地球物理数据中心（http://ngdc.noaa.gov/eog/viirs/download_viirs_ntl.html）。

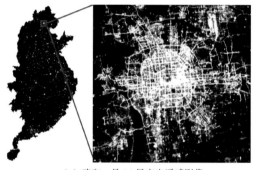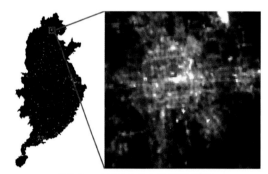

　　（a）珞珈一号 01 星夜光遥感影像　　　　　　　　　　（b）Suomi NPP/VIIRS 夜光遥感影像

图 8.1　研究区域及北京城区珞珈一号 01 星夜光遥感影像和 Suomi NPP/VIIRS 夜光遥感影像

中国各地市级单位的社会经济统计数据取自《中国城市统计年鉴》。目前，2018 年的社会经济统计数据还未公布，采用最新的《中国城市统计年鉴—2017》中 2016 年地市级的社会经济统计数据作为替代。

为了更全面地对比珞珈一号 01 星和 Suomi NPP/VIIRS 两种夜光数据与社会经济参量模拟差异，研究从《中国城市统计年鉴—2017》中收集 167 个统计单元 2016 年社会经济参量共 10 项，涉及地区生产总值、年平均人口、电力消费和土地利用面积 4 个方面。

矢量边界数据采用国家基础地理信息中心获取的全国省级和地级市行政边界数据。

8.1.2　线性回归模型

通常评价夜光数据在模拟社会经济参量的潜力,主要有线性回归模型、对数模型和二次回归模型三种回归分析方法,其中线性回归模型相对准确且易于实现,实验均采用线性模型进行对比研究,线性回归模型公式如下:

$$G=a\cdot\text{TNL}+b$$

式中: G 为统计单元内社会经济参量总和; TNL 为统计单元内夜间灯光总值,即统计单元内夜光数据所有像元值加和; a 和 b 分别代表回归系数和截距,东部地区和中部地区的样本数分别为 87 和 80,共 167 个样本数据。

8.1.3　区域生产总值

区域生产总值包括全市生产总值(gross regional product of total city,GRPTC)和市辖区生产总值(gross regional product of districts under city,GRPDC)两种指数(单位为万元),分别与夜光亮度总值进行线性回归,结果如表 8.1 和图 8.2 所示,其中 P 值均小于 0.001,表示夜间灯光总值和全市生产总值、市辖区生产总值均呈现显著正相关。

表 8.1　各项区域生产总值与夜光亮度总值线性回归 R^2 值

区域	东部地区		中部地区		东部和中部地区	
数据	LJ1-01	NPP	LJ1-01	NPP	LJ1-01	NPP
GRPTC	0.833	0.825	0.770	0.716	0.843	0.830
GRPDC	0.721	0.669	0.771	0.616	0.745	0.681

注: 珞珈一号 01 星数据简记为 LJ1-01; Suomi NPP/VIIRS 数据简记为 NPP,后同

表 8.1 结果表明,除中部地区的 LJ1-01 数据与全市生产总值和市辖区生产总值线性回归 R^2 值(分别是 0.770 和 0.771)相近外,其他地区的两种夜光数据与全市生产总值的相关程度较市辖区生产总值更高,说明夜光数据更能反映全市生产总值的情况。

图 8.2(a)和图 8.2(b)结果表明在东部和中部地区,全市生产总值与 LJ1-01 数据

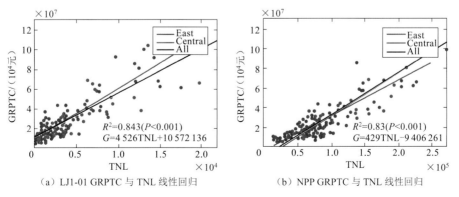

(a) LJ1-01 GRPTC 与 TNL 线性回归　　　　(b) NPP GRPTC 与 TNL 线性回归

图 8.2　各项区域生产总值与夜光亮度总值线性回归结果

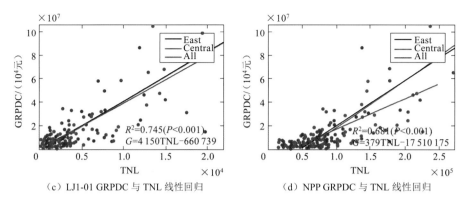

（c）LJ1-01 GRPDC 与 TNL 线性回归　　　　　（d）NPP GRPDC 与 TNL 线性回归

图 8.2　各项区域生产总值与夜光亮度总值线性回归结果（续）

East 代表东部地区；Central 代表中部地区；All 代表东部和中部地区，后同

回归 R^2 值（0.843）高于 NPP 数据 R^2 值（0.830）；图 8.2（c）和图 8.2（d）结果表明在东部和中部地区，市辖区生产总值与 LJ1-01 数据回归 R^2 值（0.745）高于 NPP 数据 R^2 值（0.681）。两个指数的回归结果说明 LJ1-01 数据与区域生产总值的相关性均高于 NPP 数据，即 LJ1-01 数据模拟区域生产总值的潜力更大，这主要得益于 LJ1-01 数据具有更高的空间分辨率，更加详细地反映了夜间的商业活动。

8.1.4　年平均人口

年平均人口包括全市年平均人口（annual average population of total city，AAPTC）和市辖区年平均人口（annual average population of districts under city，AAPDC）两种指数（单位为万人），分别与夜光亮度总值线性回归结果如表 8.2 和图 8.3，其中 P 值均小于 0.001，表示夜间灯光总值和全市年平均人口、市辖区年平均人口均呈现显著正相关。

表 8.2　各项年平均人口与夜光亮度总值线性回归 R^2 值

区域	东部地区		中部地区		东部和中部地区	
数据	LJ1-01	NPP	LJ1-01	NPP	LJ1-01	NPP
AAPTC	0.314	0.362	0.174	0.317	0.237	0.305
AAPDC	0.649	0.606	0.624	0.596	0.678	0.638

图 8.3（a）和图 8.3（b）结果表明在东部和中部地区，全市年平均人口与 LJ1-01 数据回归 R^2 值（0.237）低于 NPP 数据 R^2 值（0.305），说明 NPP 数据与全市年平均人口的相关程度高于 LJ1-01 数据；图 8.3（c）和图 8.3（d）结果表明在东部和中部地区，市辖区年平均人口与 LJ1-01 数据回归 R^2 值（0.678）高于 NPP 数据 R^2 值（0.638），说明 LJ1-01 数据与市辖区年平均人口的相关程度高于 NPP 数据。

对比图 8.3（a）和图 8.3（c），图 8.3（b）和图 8.3（d），两种夜光数据在市辖区范围内模拟的 R^2 值均低于全市范围很多，说明夜光数据与市辖区的人口数目的相关程度较高，

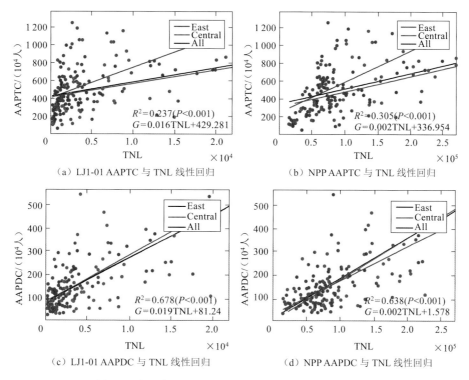

图 8.3 各项年平均人口与夜光亮度总值线性回归结果

与全市人口数目的相关程度较低。结合表 8.3 中列出的 AAPTC 和 AAPDC 统计结果（分别总计人口 79 026 万人和 28 561 万人）分析原因：全市范围和市辖区范围的人口数目相差较大，全市人口除了市辖区人口，还包含大量非市区人口，这些人口活动产生的灯光较少，因此夜光数据主要反映的是夜间灯光活动较多的市辖区。

表 8.3 研究区域各项年平均人口统计结果 （单位：万人）

区域	省份或直辖市	AAPTC	AAPDC
东部地区	北京市	1 354	1 354
	天津市	1 036	1 036
	河北省	1 033	413
	山东省	9 906	3 439
	上海市	1 446	1 446
	江苏省	7 747	3 569
	浙江省	4 893	1 812
	福建省	3 745	1 085
	广东省	8 959	4 609
	海南省	224	224

续表

区域	省份或直辖市	AAPTC	AAPDC
中部地区	山西省	3 518	993
	安徽省	6 989	2 085
	江西省	4 792	1 186
	河南省	11 156	2 290
	湖北省	5 305	1 613
	湖南省	6 923	1 407
总计	—	79 026	28 561

东部地区包含北京、天津、上海三个直辖市,其全市年平均人口和市辖区年平均人口数目相同,而东部地区的市辖区年平均人口与两种夜光数据的线性回归结果 R^2 值(LJ1-01为 0.314,NPP 为 0.362)较中部地区(LJ1-01 为 0.174,NPP 为 0.317)大,此数据结果也可验证以上结论。

8.1.5 电力消费

市辖区的电力消费总量包括全社会用电量(annual electricity consumption,AEC)、工业用电量(electricity consumption for industrial,ECI)和城乡居民生活用电量(household electricity consumption for urban and rural residential,HECURR)三种指数(单位为 kW·h),分别与夜光亮度总值线性回归结果如表 8.4 和图 8.4 所示,其中 P 值均小于 0.001,表示夜间灯光总值和全社会用电量、工业用电量、城乡居民生活用电量均呈现显著正相关。

表 8.4　各项电力消费与夜光亮度总值线性回归 R^2 值

区域	东部地区		中部地区		东部和中部地区	
数据	LJ1-01	NPP	LJ1-01	数据	LJ1-01	NPP
AEC	0.743	0.711	0.626	0.540	0.765	0.723
ECI	0.625	0.634	0.384	0.328	0.651	0.646
HECURR	0.685	0.626	0.769	0.702	0.718	0.659

图 8.4(a)和图 8.4(b)结果表明在东部和中部地区,全社会用电量与 LJ1-01 数据回归 R^2 值(0.765)高于 NPP 数据 R^2 值(0.723);图 8.4(c)和图 8.4(d)结果表明在东部和中部地区,工业用电量与 LJ1-01 数据回归 R^2 值(0.651)高于 NPP 数据 R^2 值(0.646);图 8.4(e)和图 8.4(f)结果表明在东部和中部地区,城乡居民生活用电量与 LJ1-01 数据回归 R^2 值(0.718)高于 NPP 数据 R^2 值(0.659)。表 8.4 结果表明,除东部地区的 LJ1-01 数据与工业用电量的线性回归 R^2 值(0.625)略低于 NPP 数据(0.634),其他的 LJ1-01 数据与市辖区电力消费的相关程度均高于 NPP 数据,即 LJ1-01 数据模拟市辖区电力消费的潜力更大。

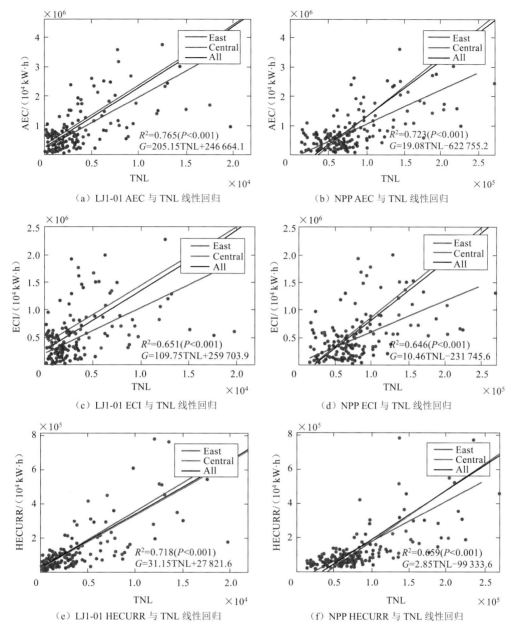

图 8.4　各项电力消费与夜光亮度总值线性回归结果

对比表 8.4 中两种夜光数据与东部地区工业用电量的相关程度(LJ1-01 为 0.625,NPP为 0.634)较中部地区(LJ1-01 为 0.384,NPP 为 0.328)高很多,而东部地区城乡居民生活用电量的相关程度(LJ1-01 为 0.685,NPP 为 0.626)较中部地区(LJ1-01 为 0.769,NPP为 0.702)低,分析原因:东部地区的工业发展水平整体较高,因此工业用电量与夜光数据的联系更紧密;中部地区的工业发展水平整体较低,因此电量消费中城乡居民生活用电量占的比重更大,与夜光数据的联系更紧密。

8.1.6 土地利用面积

市辖区的土地利用面积包括城市建设用地面积（area of landuse for urban construction，ALUC）、居住用地面积（area of landuse for living，ALL）和城市道路面积（area of city paved road，ACPR）三种指数，分别与夜光亮度总值线性回归结果如表 8.5 和图 8.5 所示，其中 P 值均小于 0.001，表明夜间灯光总值和城市建设用地面积、居住用地面积、城市道路面积均呈现显著正相关。

表 8.5　各项土地利用面积与夜光亮度总值线性回归 R^2 值

区域	东部地区		中部地区		东部和中部地区	
数据	LJ1-01	NPP	LJ1-01	数据	LJ1-01	NPP
ALUC	0.717	0.657	0.804	0.726	0.745	0.683
ALL	0.722	0.663	0.753	0.678	0.748	0.690
ACPR	0.551	0.582	0.837	0.722	0.615	0.645

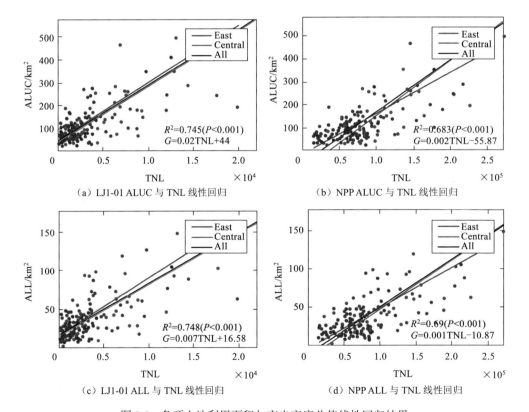

（a）LJ1-01 ALUC 与 TNL 线性回归　　（b）NPP ALUC 与 TNL 线性回归

（c）LJ1-01 ALL 与 TNL 线性回归　　（d）NPP ALL 与 TNL 线性回归

图 8.5　各项土地利用面积与夜光亮度总值线性回归结果

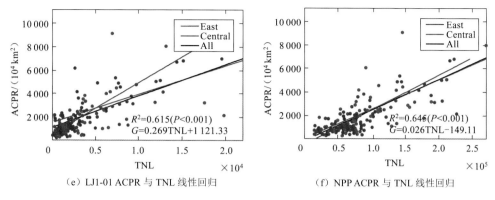

（e）LJ1-01 ACPR 与 TNL 线性回归　　　　（f）NPP ACPR 与 TNL 线性回归

图 8.5　各项土地利用面积与夜光亮度总值线性回归结果（续）

图 8.5（a）和图 8.5（b）结果表明在东部和中部地区，城市建设用地面积与 LJ1-01 数据回归 R^2 值（0.745）高于 NPP 数据 R^2 值（0.683），说明 LJ1-01 数据与城市建设用地面积的相关程度高于 NPP 数据；图 8.5（c）和图 8.5（d）结果表明在东部和中部地区，居住用地面积与 LJ1-01 数据回归 R^2 值（0.748）高于 NPP 数据 R^2 值（0.690），说明 LJ1-01 数据与居住用地面积的相关程度高于 NPP 数据；而对于城市道路面积，东部地区 LJ1-01 数据与其回归 R^2 值（0.551）低于 NPP 数据（0.582），中部地区 LJ1-01 数据与其回归 R^2 值（0.837）高于 NPP 数据（0.722）。综上所述，LJ1-01 数据与市辖区土地利用面积的相关性基本高于 NPP 数据，即 LJ1-01 数据模拟市辖区土地利用面积的潜力更大。

从表 8.5 中可以看出，中部地区城市道路面积与夜光数据的相关程度（LJ1-01 为 0.837，NPP 为 0.722）较东部地区（LJ1-01 为 0.551，NPP 为 0.582）高很多，分析原因：中部地区的整体经济发展水平较东部地区低，城市灯光亮度中道路所占比重较大，因此城市道路面积与夜光数据联系更为紧密。

8.2　珞珈一号指数

8.2.1　概念说明

针对中国区域提出"珞珈一号指数"概念，珞珈一号指数主要分为珞珈一号发展指数（development index，DI）和珞珈一号未来发展指数（future development index，FDI）。珞珈一号发展指数是反映一定时期内该地区的经济水平的评价指数，珞珈一号未来发展指数是未来一段时间内该地区经济综合能力的评价指数。

珞珈一号指数是根据珞珈一号 01 星夜光遥感全国一张图、欧洲委员会全球人类环境（Global Human Settlement，GHS）建成区网格数据和全球 30 m 地表覆盖遥感数据产品计算出的经济指数，其中包括对该地区目前经济能力的综合评估，对未来一段时间该地区经济发展潜力的预测及该地区生活舒适度和宜居程度的评价。

根据珞珈一号 01 星夜光遥感全国一张图，将某地区的夜间灯光总量作为珞珈一号指数的评价依据之一,对该地区目前经济能力进行综合评估。使用欧洲委员会 GHS 建成区数据自动提取的建成区产品预测城市发展潜力。对于未来一段时间的城市经济发展潜力评估,将该城市当前的单位建成区面积的灯光亮度作为该城市的平均灯光亮度,将该城市当前的平均灯光亮度与全国平均灯光亮度的比值看作对该城市的发展潜力评估参考之一。由于不同区域的社会经济情况差异较大,为了消除区域间差异,按照中国四大经济区域划分的东部、中部、西部和东北四大地区,分别统计各个区域内各城市的珀珈一号指数,评估参考加入该区域当前的平均灯光亮度与全国平均灯光亮度的比值。使用全球 30 m 地表覆盖遥感数据产品提取城市绿地产品(包括森林、草地、灌木地、湿地)评价城市的生活舒适度和宜居程度。一个城市的绿化面积在一定程度上决定了该城市的生活舒适度和宜居程度,因此将该地区的绿地面积作为评价参考。

8.2.2 实验数据

实验使用珀珈一号 01 星夜光遥感全国一张图 2018 年数据产品提取灯光数据进行经济评估,数据来源于高分辨率对地观测系统湖北数据与应用网(http://59.175.109.173:8888/app/login.html)。

实验使用分辨率为 250 m 的 GHS 建成区格网产品预测城市发展潜力,数据来源于欧洲委员会(European Commission)网站 http://cidportal.jrc.ec.europa.eu/ftp/jrc-opendata/GHSL/GHS_BUILT_LDSMT_GLOBE_R2015B/。

全球 30 m 地表覆盖数据产品 GlobeLand30 包括 2000 基准年和 2010 基准年两期,有耕地、森林、草地、灌木地、湿地、水体、苔原、人造地表、裸地和冰雪十大类型,第三方评价总体精度为 83.50%。本实验使用全球 30 m 地表覆盖遥感数据产品提取城市绿地产品(包括森林、草地、灌木地、湿地和水体)评价城市的生活舒适度和宜居程度,数据来源于网站 http://www.globallandcover.com/GLC30Download/index.aspx。

8.2.3 理论算法

对于某一地区的珀珈一号指数范围在 0～1,具体公式如下:

$$\text{FDI} = \omega_1 \cdot \text{TNL}_{\text{nor}} + \omega_2 \cdot \frac{\text{AI}_{\text{city}}}{\text{AI}_{\text{region}}} + \omega_3 \cdot \text{Ag}_{\text{nor}} \tag{8.1}$$

$$\text{DI} = \text{TNL}_{\text{nor}} \tag{8.2}$$

$$\text{LJ}_{\text{now}} = \omega_1 \cdot \text{DI} \tag{8.3}$$

$$\text{LJ}_{\text{future}} = \omega_2 \cdot \frac{\text{AI}_{\text{city}}}{\text{AI}_{\text{region}}} \tag{8.4}$$

$$\text{LJ}_{\text{live}} = \omega_3 \cdot \text{Ag}_{\text{nor}} \tag{8.5}$$

$$\text{LJ} = \text{LJ}_{\text{now}} + \text{LJ}_{\text{future}} + \text{LJ}_{\text{live}} \tag{8.6}$$

$$\text{AI} = \frac{\text{TNL}}{S} \tag{8.7}$$

式中：FDI 为该地区的珞珈一号未来发展指数；TNL 为该地区的夜间灯光亮度总值；TNL_{nor} 为该地区归一化的夜间灯光亮度总值；AI 为平均灯光亮度值；AI_{city} 为该地区的平均灯光亮度值；AI_{region} 为该地区所在区域的平均灯光亮度值；Ag_{nor} 为该地区归一化的绿地面积；ω_1，ω_2，ω_3 分别为各指数项的权重；S 为该地区的建成区面积；DI 和 LJ_{now} 为对该地区的珞珈一号发展指数；LJ_{future} 为对未来一段时间该地区经济发展潜力的预测；LJ_{live} 为对该地区生活舒适度和宜居程度的评价。

对于夜间灯光亮度总值 TNL 的归一化采用标准归一化算法（min-max normalization），算法公式如下：

$$X' = \frac{x - X_{\min}}{X_{\max} - X_{\min}} \tag{8.8}$$

式中：X' 为归一化后的值；x 为原始数值；$X_{\max}$ 为原始数组中的最大值；$X_{\min}$ 为原始数组中的最小值。为便于计算，在此处假设 $X_{\max}=10^{10}$，假设 $X_{\min}=0$。

对于绿地面积 Ag 的归一化，使用绿地面积与土地总面积的比值代替，公式如下：

$$Ag_{nor} = \frac{Ag_{greenland}}{Ag_{land}} \tag{8.9}$$

式中：Ag_{nor} 为归一化后的绿地面积；$Ag_{greenland}$ 为包含森林、草地、灌木地、湿地和水体在内的绿地面积；Ag_{land} 为土地总面积。

8.2.4　珞珈一号指数排名

对于珞珈一号未来发展指数，认为现有的经济水平占总体指数的一半，预测未来趋势和城市宜居程度占总体指数的一半，所以对于式（8.1）中的各指数项的权重，假设 $\omega_1=0.5$，$\omega_2=0.25$，$\omega_3=0.25$，计算得到中国各城市珞珈一号发展指数和珞珈一号未来发展指数统计排名，综合 2018 年各城市对应 GDP 排名进行对比（鉴于台北市的 GDP 统计尚未发布，暂时用 2017 年 GDP 统计结果代替），得到全国各省会排名结果如表 8.6 所示。

表 8.6　全国各省会珞珈一号指数排名

城市	所属省份	DI	DI 排名	GDP/亿元	GDP 排名	LJ_{now}	LJ_{future}	LJ_{live}	FDI	FDI 排名
上海	上海	0.718	1	32 679.87	1	0.359	0.524	0.02	0.907	6
北京	北京	0.629	2	30 320.00	2	0.315	0.366	0.14	0.822	8
天津	天津	0.539	3	18 809.64	6	0.269	42.720	0.04	43.03	1
重庆	重庆	0.459	4	20 363.19	5	0.229	0.112	0.18	0.519	20
广州	广东	0.349	5	22 859.35	4	0.174	0.545	0.14	0.858	7
武汉	湖北	0.342	6	14 847.29	8	0.171	0.736	0.08	0.989	5
成都	四川	0.338	7	15 342.77	7	0.169	0.153	0.09	0.416	27
杭州	浙江	0.336	8	13 509.20	9	0.168	8.530	0.19	8.886	2
西安	陕西	0.299	9	8 349.86	14	0.149	0.257	0.13	0.537	16

续表

城市	所属省份	DI	DI 排名	GDP/亿元	GDP 排名	LJ_{now}	LJ_{future}	LJ_{live}	FDI	FDI 排名
福州	福建	0.290	10	7 856.81	15	0.145	0.205	0.18	0.532	18
合肥	安徽	0.283	11	7 822.90	16	0.141	0.602	0.05	0.797	10
南京	江苏	0.263	12	12 820.40	10	0.132	0.349	0.06	0.544	14
郑州	河南	0.250	13	10 143.32	12	0.125	0.501	0.04	0.665	12
长春	吉林	0.243	14	7 085.00	17	0.121	0.368	0.05	0.539	15
沈阳	辽宁	0.240	15	6 350.00	19	0.120	0.390	0.02	0.528	19
哈尔滨	黑龙江	0.240	16	7 002.00	18	0.120	0.222	0.12	0.462	25
长沙	湖南	0.212	17	11 527.00	11	0.106	0.567	0.14	0.813	9
石家庄	河北	0.175	18	6 082.60	20	0.088	0.352	0.07	0.507	22
济南	山东	0.169	19	8 862.00	13	0.085	0.307	0.05	0.442	26
昆明	云南	0.154	20	5 206.90	23	0.077	0.143	0.19	0.409	28
南宁	广西	0.149	21	4 480.00	24	0.074	0.109	0.16	0.343	31
乌鲁木齐	新疆	0.145	22	3 184.00	28	0.072	0.294	0.11	0.478	23
太原	山西	0.141	23	3 884.48	25	0.07	0.447	0.16	0.679	11
呼和浩特	内蒙古	0.139	24	2 508.00	30	0.069	0.329	0.14	0.533	17
贵阳	贵州	0.137	25	3 798.45	26	0.069	0.263	0.18	0.515	21
银川	宁夏	0.121	26	1 901.48	31	0.061	0.435	0.09	0.581	13
香港	香港	0.119	27	24 306.48	3	0.060	0.227	0.19	0.475	24
南昌	江西	0.114	28	5 274.67	22	0.057	0.239	0.08	0.374	29
兰州	甘肃	0.090	29	2 732.90	29	0.045	0.154	0.16	0.357	30
海口	海南	0.078	30	1 510.51	32	0.039	0.100	0.08	0.215	34
台北	台湾	0.057	31	5 412.00	21	0.029	1.009	0.14	1.180	4
西宁	青海	0.043	32	1 286.41	33	0.021	0.130	0.17	0.322	33
拉萨	西藏	0.042	33	528.00	34	0.021	2.087	0.16	2.268	3
澳门	澳门	0.019	34	3 609.00	27	0.009	0.222	0.11	0.338	32

　　将全国各省会城市 2018 年的生产总值 GDP 和珞珈一号发展指数 DI 进行线性回归实验，得到结果如图 8.6 所示，R^2 值为 0.73，说明两者的相关程度较高。从表 8.6 可以直观地看出珞珈一号发展指数 DI 排名和 GDP 统计排名相近程度较高，其中香港、台北、澳门三个地区的珞珈一号发展指数 DI 排名和 GDP 统计排名相差较大。分析原因，主要是因为香港、台北、澳门三个地区的城市面积较小，而经济发展水平过高，夜光影像中存在大量过饱和数据，导致计算的珞珈一号发展指数 DI 严重偏低。

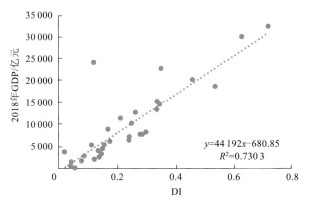

图 8.6　2018 年 GDP 与 DI 线性回归结果

　　对于珞珈一号未来发展指数 FDI，天津、杭州、拉萨、台北 4 个城市均超过 1，依次位居全国前 4 位，其中主要是对于城市未来发展潜力的预测值较高，说明这 4 个城市的未来发展潜力很大。而武汉、上海、广州、北京、长沙、合肥分别位居全国前 5 至 10 位，城市的综合评价很高而且很均衡，不仅当前的城市经济发展较好，未来的城市发展潜力也很大，城市环境也好。

　　珞珈一号发展指数能够较客观地从夜光遥感的角度分析评价城市的经济发展情况，而珞珈一号未来发展指数能够综合经济、社会、自然环境等因素综合评估城市的未来发展潜力，综上可以看出，珞珈一号指数能够客观反映社会经济的发展水平，广泛应用于国民经济，并为政府决策提供客观的数据支撑。

参 考 文 献

陈佐旗, 2017. 基于多源夜间灯光遥感影像的多尺度城市空间形态结构分析. 上海: 华东师范大学.

范俊甫, 马廷, 周成虎, 等, 2013. 1992-2010 年基于 DMSP-OLS 图像的环渤海城市群空间格局变化分析. 地球信息科学学报, 15(2): 280-288.

高义, 王辉, 王培涛, 等, 2013. 基于人口普查与多源夜间灯光数据的海岸带人口空间化分析. 资源科学, 35(12): 2517-2523.

郭华东, 2014. 全球变化科学卫星. 北京: 科学出版社.

国家统计局城市社会经济调查司, 2017. 中国城市统计年鉴-2017. 北京: 中国统计出版社.

廖兵, 魏康霞, 宋巍巍, 2012. DMSP/OLS 夜间灯光数据在城镇体系空间格局研究中的应用与评价: 以近 16 年江西省间城镇空间格局为例. 长江流域资源与环境, 21(11): 1295-1300.

苏泳娴, 陈修治, 叶玉瑶, 等, 2013. 基于夜间灯光数据的中国能源消费碳排放特征及机理. 地理学报, 68(11): 1513-1526.

唐新明, 张过, 黄文超, 等, 2014. 低轨卫星平面和立体精度预估方法: 中国, CN103868531A.

王晓慧, 2013. 基于 DMSP/OLS 夜间灯光数据的中国近 30 年城镇扩展研究. 南京: 南京大学.

徐梦洁, 陈黎, 刘焕金, 等, 2011. 基于 DMSP/OLS 夜间灯光数据的长江三角洲地区城市化格局与过程研究. 国土资源遥感(3): 106-112.

杨洋, 何春阳, 赵媛媛, 等, 2011. 利用 DMSP/OLS 稳定夜间灯光数据提取城镇用地信息的分层阈值法研究. 中国图象图形学报, 16(4): 666-673.

卓莉, 陈晋, 史培军, 等, 2005. 基于夜间灯光数据的中国人口密度模拟. 地理学报, 60(2): 266-276.

ACHANTA R, SUSSTRUNK S, 2017.Superpixels and polygons using simple non-iterative clustering. IEEE Computer Society Conference on Computer Vision and Pattern Recognition (CVPR), Colorado Springs, CO, USA: 500-510.

AGNEW J, GILLESPIE T W, GONZALEZ J, et al., 2008. Baghdad nights: Evaluating the US military 'surge' using nighttime light signatures. Environment and Planning A, 40(10): 2285-2295.

AMARAL S, MONTEIRO A M V, CAMARA G, et al., 2006. DMSP/OLS night-time light imagery for urban population estimates in the Brazilian Amazon. International Journal of Remote Sensing, 27 (5-6): 855-870.

AN X Q, WANG Q, SONG B, 2015. Athermal design of compact uncooled optical system with large relative aperture. Laser Infrared, 45: 795-799.

AUBRECHT C, ELVIDGE C D, LONGCORE T, et al., 2008. A global inventory of coral reef stressors based on satellite observed nighttime lights. Geocarto International, 23(6): 467-479.

BALA R V, 1992. A generic solution to polygon clipping. Communications of the ACM. 35(7): 56-63.

BAUER S E, WAGNER S E, BURCH J, et al., 2013. A case-referent study: Light at night and breast cancer risk in Georgia. International Journal of Health Geographics, 12(1): 1-10.

BENNIE J, DAVIES T W, DUFFY J P, et al., 2014. Contrasting trends in light pollution across Europe based on satellite observed night time lights. Scientific Reports, 4:3789.

BHARTI N, TATEM A J, FERRARI M J, et al., 2011. Explaining seasonal fluctuations of measles in Niger using nighttime lights imagery. Science, 334: 1424-1427.

BOUILLON A, BRETON E, LUSSY F D, et al., 2015. SPOT5 HRG and HRS first in-flight geometric quality results. Proceedings of International Symposium on Remote Sensing: 212-223.

BREAULT R P, 1995. Control of stray light. Handb. Opt, 1: 38.31-38.35.

BRIGGS D J, GULLIVER J, FECHT D, et al., 2007. Dasymetric modelling of small-area population distribution using land cover and light emissions data. Remote Sensing of Environment, 108 (4): 451-466.

CAO C, SHAO X, UPRETY S, 2013. Detecting light outages after severe storm using the S-NPP/VIIRS day/night band radiances. IEEE Geoscience and Remote Sensing Letters, 10(6): 1582-1586.

CAO X, CHEN J, IMURA H, et al., 2009. A SVM-based method to extract urban areas from DMSP-OLS and SPOT VGT data. Remote Sensing of Environment, 113(10): 2205-2209.

CHAND T R K, BADARINATH K V S, MURTHY M S R, et al., 2007. Active forest fire monitoring in Uttaranchal State, India using multi-temporal DMSP-OLS and MODIS data. International Journal of Remote Sensing, 28(10): 2123-2132.

CHEN X, NORDHAUS W D, 2011. Using luminosity data as a proxy for economic statistics. Proceedings of the National Academy of Sciences, 108(21): 8589-8594.

CHO K, ITO R, SHIMODA H, et al., 1999. Technical note and cover fishing fleet lights and sea surface temperature distribution observed by DMSP/OLS sensor. International Journal of Remote Sensing, 20(1): 3-9.

CYRUS M, BECK J, 1978. Generalized two- and three-dimensional clipping. Computers & Graphics, 3(1): 23-28.

DOLL C N H, MULLER J P, MORLEY J G, 2006. Mapping regional economic activity from night-time light satellite imagery. Ecological Economics, 57(1): 75-92.

DWYER R G, BEARHOP S, CAMPBELL H A, et al., 2013. Shedding light on light: Benefits of anthropogenic illumination to a nocturnally foraging shorebird. Journal of Animal Ecology, 82(2): 478-485.

EBERHART R C, KENNEDY J, 1995. A new optimizer using particle swarm theory//Proceedings of the 6th international symposium on micro machine and human science, Nagoya. IEEE Service Center, Piscataway: 39-43.

EL GAMAL A, ELTOUKHY H, 2005. CMOS image sensors. Circuits & Devices Magazine IEEE, 21: 6-20.

ELVIDGE C D, BAUGH K E, KIHN E A, et al., 1997a. Relation between satellite observed visible-near infrared emissions, population, economic activity and electric power consumption. International Journal of Remote Sensing, 18(6): 1373-1379.

ELVIDGE C D, BAUGH K E, KIHN E A, et al., 1997b. Mapping city lights with nighttime data from the DMSP Operational Linescan System. Photogramm. Eng. Remote Sens, 63: 727-734.

ELVIDGE C D, PETTIT D R, CINZANO P, et al., 2007. Overview of the Nightsat mission concept//Urban Remote Sensing Joint Event, 2007. IEEE.

ELVIDGE C D, ZISKIN D, BAUGH K E, 2009. A fifteen year record of global natural gas flaring derived from satellite data. Energies, 2(3): 595-622.

ELVIDGE C D, KEITH D M, TUTTLE B T, et al., 2010. Spectral identification of lighting type and character. Sensors, 10: 3961-3988.

ELVIDGE C D, BAUGH K, ZHIZHIN M, et al., 2017. VIIRS night-time lights. International Journal of Remote Sensing(1): 1-20.

FIETE R D, TANTALO T, 2001. Comparison of SNR image quality metrics for remote sensing systems. Optical Engineering, 40(4): 574.

FILHO C D S, ZULLO JR J, ELVIDGE C, 2004. Brazil's 2001 energy crisis monitored from space. International Journal of Remote Sensing, 25(12): 2475-2482.

FORBES D J, 2013. Multi-scale analysis of the relationship between economic statistics and DMSP-OLS night light images. Giscience & Remote Sensing, 50(5): 483-499.

FRASER C S, 1997. Digital camera self-calibration. ISPRS Journal of Photogrammetry & Remote Sensing, 52: 149-159.

FRYER J G, BROWN D C, 1986. Lens distortion for close-range photogrammetry. Photogrammetric Engineering and Remote Sensing, 52(1): 51-58.

GEIS J, FLORIO C, MOYER D, et al., 2012. VIIRS day-night band gain and offset determination and performance. Earth Observing Systems XVII: 851012.

GREEN M S, 1999. Calibration of advanced visible and near infrared radiometer (AVNIR). IEEE transactions on geoscience and remote sensing, 37(3): 1472-1483.

HE C, MA Q, LIU Z, et al., 2013. Modeling the spatiotemporal dynamics of electric power consumption in Mainland China using saturation-corrected DMSP/OLS nighttime stable light data. International Journal of Digital Earth: 1-22.

HE C Y, MA Q, LIU Z F, et al., 2014. Modeling the spatiotemporal dynamics of electric power consumption in Mainland China using saturation-corrected DMSP/OLS nighttime stable light data. International Journal of Digital Earth, 7(12): 993-1014.

HENDERSON J V, STOREYGARD A, WEIL D N, 2012. Measuring economic growth from outer space. American Economic Review, 102(2): 994-1028.

HENDERSON M, YEH E T, GONG P, et al., 2003. Validation of urban boundaries derived from global night-time satellite imagery. International Journal of Remote Sensing, 24(3): 595-609.

HENDERSON V, STOREYGARD A, WEIL D N, 2011. A bright idea for measuring economic growth. American Economic Review, 101(3): 194-199.

HENRY P, MEYGRET A, 2001. Calibration of HRVIR and vegetation camera on SPOT4. Advances in Space Research, 28(1): 49-58.

HILLGER D, KOPP T, LEE T, et al., 2013. First-light imagery from Suomi NPP VIIRS. Bulletin of the American Meteorological Society, 94: 1019-1029.

HOLLAND J H, 1975. Adaptation in Natural and Artificial Systems. Ann Arbor: University of Michigan Press.

HORN B K P, WOODHAM R J, 1979. Destriping LANDSAT MSS images by histogram modification. Computer Graphics And Image Processing, 10: 69-83.

HUANG G H, NI G Q, 2007. A realistic image rendition method based on the cone adaptation model. Image and Graphics, 12(7): 1161-1167.

JIANG L, HU Y, DONG K Y, et al., 2015. Passive athermal design of dual-band infrared optical system. Infrared Laser Eng, 44: 3353-3357.

JIANG W, HE G J, LONG T F, et al., 2018. Potentiality of using Luojia 1-01 nighttime light imagery to investigate artificial light pollution. Sensors, 18: 2900.

JIANG Y H, SUN Q, LIU Y, et al., 2013. Athermal design for IR optical seeker system with wide FOV. Acta Photonica Sin, 42: 462-466.

JIANG Y H, ZHANG G, TANG X, et al., 2014a. Detection and correction of relative attitude errors for ZY1-02C. IEEE Transactions on Geoscience and Remote Sensing, 52: 7674-7683.

JIANG Y H, ZHANG G, TANG X, et al., 2014b. Geometric calibration and accuracy assessment of ZiYuan-3 multispectral images. IEEE Transactions on Geoscience and Remote Sensing, 52: 4161-4172.

JIANG Y H, ZHANG G, CHEN P, et al., 2015. Systematic error compensation based on a rational function model for Ziyuan1-02C. IEEE Transactions on Geoscience and Remote Sensing, 53: 3985-3995.

JIANG Y H, CUI Z, ZHANG G, et al., 2018. CCD distortion calibration without accurate ground control data for pushbroom satellites. ISPRS Journal of Photogrammetry & Remote Sensing, 142: 21-26.

KIYOFUJI H, SAITOH S I, 2004. Use of nighttime visible images to detect Japanese Common Squid Todarodes Pacificus fishing areas and potential migration routes in the Sea of Japan. Marine Ecology Progress Series, 276: 173-186.

KLOOG I, HAIM A, STEVENS R G, et al., 2008. Light at night co-distributes with incident breast but not lung cancer in the female population of Israel. Chronobiology International, 25(1): 65-81.

KLOOG I, HAIM A, STEVENS R G, et al., 2009. Global co-distribution of light at night (LAN) and cancers of prostate, colon, and lung in men. Chronobiology International, 26(1): 108-125.

KOHIYAMA M, HAYASHI H, MAKI N, et al., 2004. Early damaged area estimation system using DMSP-OLS night-time imagery. International Journal of Remote Sensing, 25(11): 2015-2036.

KONG B, HE F, 2004. A simple and precise method for radial distortion calibration. Journal of Image & Graphics, 9(4): 429-434.

KUECHLY H U, KYBA C C M, RUHTZ T, et al., 2012. Aerial survey and spatial analysis of sources of light pollution in Berlin, Germany. Remote Sensing of Environment, 126: 39-50.

LEE T E, MILLER S D, TURK F J, et al., 2006. The NPOESS VIIRS day/night visible sensor. Bulletin of the American Meteorological Society, 87: 191-199.

LEPRINCE S, BARBOT S, AYOUB F, et al., 2007. Automatic and precise orthorectification, coregistration, and subpixel correlation of satellite images, application to ground deformation measurements. IEEE Transactions on Geoscience and Remote Sensing, 45(61): 1529-1558.

LETU H, HARA M, YAGI H, et al., 2010. Estimating energy consumption from night-time DMPS/OLS imagery after correcting for saturation effects. International Journal of Remote Sensing, 31(16): 4443-4458.

LI D R, LI X, 2015. An overview on data mining of nighttime light remote sensing. Acta Geodaetica et Cartographica Sinica, 44(6): 591-601.

LI X, CHEN F, CHEN X, 2013a. Satellite-observed nighttime light variation as evidence for global armed conflicts. IEEE Journal of Selected Topics in Applied Earth Observations and Remote Sensing, 6(5): 2302-2315.

LI X, XU H, CHEN X, et al., 2013b. Potential of NPP-VIIRS nighttime light imagery for modeling the regional economy of China. Remote Sensing, 5(6): 3057-3081.

LI X, GE L, CHEN X, 2013c. Detecting Zimbabwe's decadal economic decline using nighttime light imagery. Remote Sensing, 5(9): 4551-4570.

LI X, LI D R, 2014. Can night-time light images play a role in evaluating the Syrian Crisis? International Journal of Remote Sensing, 35(18): 6648-6661.

LI X, ZHAO L, LI D R, et al., 2018. Mapping urban extent using Luojia 1-01 nighttime light imagery. Sensors, 18: 3665.

LIAO L, WEISS S, MILLS S, et al., 2013. Suomi NPP VIIRS day-night band on-orbit performance. J. Geophys. Res. Atmos, 118: 12705-12718.

LIU Z, HE C, ZHANG Q, et al., 2012. Extracting the dynamics of urban expansion in China using DMSP-OLS nighttime light data from 1992 to 2008. Landscape and Urban Planning, 106 (1): 62-72.

LU D, TIAN H, ZHOU G, et al., 2008. Regional mapping of human settlements in southeastern China with multisensor remotely sensed data. Remote Sensing of Environment, 112(9): 3668-3679.

MA T, ZHOU C H, PEI T, et al., 2014. Responses of Suomi- NPP VIIRS- derived nighttime lights to socioeconomic activity in China's cities. Remote Sensing Letters, 5: 165-174.

MANDAL P, VISVANATHAN V, 2001. CMOS op-amp sizing using a geometric programming formulation. IEEE Transactions on Computer-Aided Design of Integrated Circuits and Systems, 20(1): 22-38.

MARKHAM B L, BONCYK W C, BARKER J L, et al., 1996. Landsat-7 enhanced thematic mapper plus in-flight radiometric calibration. International Geoscience & Remote Sensing Symposium: 1273-1275.

MAX K A, 2005. Computer graphics and geometric modeling: Implementation and algorithms. Berlin: Springer.

MAZOR T, LEVIN N, POSSINGHAM H P, et al., 2013. Can satellite-based night lights be used for conservation? The case of nesting sea turtles in the Mediterranean. Biological Conservation 159: 63-72.

MEINGAST M, GEYER C, SASTRY S, 2005. Geometric models of rolling-shutter cameras. Computer Science 2005, arXiv: cs/0503076.

MILLS S, MILLER S D, 2014. VIIRS day-night band (DNB) calibration methods for improved uniformity. Earth Observing Systems XIX: 921809.

MIN B, GABA K M, SARR O F, et al., 2013. Detection of rural electrification in Africa using DMSP-OLS night lights imagery. International Journal of Remote Sensing, 34(22): 8118-8141.

MORFITT R, BARSI J, LEVY R, et al., 2015. Landsat-8 operational land imager (OLI) Radiometric Performance On-Orbit. Remote Sensing, 7(2): 2208-2237.

PAGNUTTI M, RYAN R E, KELLY M, et al., 2003. Radiometric characterization of IKONOS multispectral imagery. Remote Sensing of Environment, 88(1-2): 53-68.

PANDEY B, JOSHI P K, SETO K C, 2013. Monitoring urbanization dynamics in India using DMSP/OLS night time lights and SPOT-VGT data. International Journal of Applied Earth Observation and Geoinformation, 23: 49-61.

PASCAL V, LEBEGUE L, MEYGRET A, et al., 2003. SPOT5 first in-flight radiometric image quality results. Sensors, Systems, and Next-Generation Satellites VI: 200-211.

PESTA F, BHATTA S, HELDER D, et al., 2014. Radiometric non-uniformity characterization and correction of landsat 8 OLI using earth imagery-based techniques. Remote Sensing, 7(1): 430-446.

RADHADEVI P V, MÜLLER R, D'ANGELO P, et al., 2011. In-flight geometric calibration and orientation of ALOS/PRISM imagery with a generic sensor model. Photogrammetric Engineering & Remote Sensing, 77: 531-538.

RAO C R, 1971. Estimation of variance and covariance components: MINQUE theory. Journal of Multivariate Analysis: 257-275.

RODRIGUES P, AUBRECHT C, GIL A, et al., 2012. Remote sensing to map influence of light pollution on Cory's shearwater in Sao Miguel Island, Azores Archipelago. European Journal of Wildlife Research, 58(1):147-155.

SHI K F, YU B L, HUANG Y X, et al., 2014. Evaluating the ability of NPP-VIIRS nighttime light data to estimate the gross domestic product and the electric power consumption of China at multiple scales: A comparison with DMSP-OLS data. Remote Sensing, 6(2): 1705-1724.

SHIMADA M, OAKU H, OGUMA H, et al., 1997. Calibration of advanced visible and near infrared radiometer (AVNIR). Geocarto International, 12(4): 5.

SHRESTHA A K, 2010. Relative gain characterization and correction for pushbroom sensors based on lifetime image statistics and wavelet filtering. Brookings: South Dakota State University.

SLATER P N, 1980. Remote sensing: Optics and optical systems. Boston: Addison-Wesley Publishing Co.

SMALL C, POZZI F, ELVIDGE C D, 2005. Spatial analysis of global urban extent from DMSP-OLS night lights. Remote Sensing of Environment, 96(3-4): 277-291.

SMALL C, ELVIDGE C D, BALK D, et al., 2011. Spatial scaling of stable night lights. Remote Sensing of Environment, 115 (2):269-280.

SMALL C, ELVIDGE C D, 2013. Night on earth: Mapping decadal changes of anthropogenic night light in Asia. International Journal of Applied Earth Observation and Geoinformation, 22: 40-52.

SUN Y, LIU G, SUN Y, 2016. An affine motion model for removing rolling shutter distortions. IEEE Signal Processing Letters, 23: 1250-1254.

SUTTON P, ROBERTS D, ELVIDGE C, et al., 1997. A comparison of nighttime satellite imagery and population density for the continental United States. Photogrammetric Engineering and Remote Sensing, 6(11): 1303-1313.

TANG X, ZHOU P, ZHANG G, et al., 2015. Verification of ZY-3 satellite imagery geometric accuracy without ground control points. IEEE Geoscience & Remote Sensing Letters, 12: 2100-2104.

THANH-TIN N, LHUILLIER M, 2017. Self-calibration of omnidirectional multi-cameras including synchronization and rolling shutter. Computer Vision and Image Understanding, 162: 166-184.

VAUTHERIN J, RUTISHAUSER S, SCHNEIDER-ZAPP K, et al., 2016. Photogrammetric accuracy and modeling of rolling shutter cameras// HALOUNOVA L, SCHINDLER K, LIMPOUCh A, et al., Eds. In Xxiii ISPRS Congress, Commission Iii, 3: 139-146.

WALUDA C M, YAMASHIRO C, ELVIDGE C D, et al., 2004. Quantifying light-fishing for Dosidicus Gigas in the Eastern Pacific using satellite remote sensing. Remote Sensing of Environment, 91(2): 129-133.

WANG J R, WANG R X, HU X, 2017. Discussion on evaluation of satellite imagery location accuracy. Spacecraft Recovery & Remote Sensing, 38(1): 1-5.

WANG L, FENG Y, WANG C, 2013. Real-time assessment of GNSS observation noise with single receivers. Journal of Global Positioning Systems, 12(1): 73-82.

WANG L, CHEN R, LI D R, et al., 2018. Initial assessment of the LEO based navigation signal augmentation system from Luojia-1A satellite. Sensors, 18: 3919.

WENG J Y, COHEN P, HERNIOU M, 1992. Camera calibration with distortion models and accuracy evaluation. IEEE Transactions on Pattern Analysis and Machine Intelligence, 14(10): 965-980.

WITMER F D W, O'LOUGHLIN J, 2011. Detecting the effects of wars in the caucasus regions of Russia and Georgia using radiometrically normalized DMSP-OLS nighttime lights imagery. Giscience & Remote Sensing, 48(4): 478-500.

XIONG X, BARNES W, 2006. An overview of MODIS Radiometric Calibration and Characterization. Advances in Atmospheric Sciences, 23(1): 69-79.

XIONG X, ERIVESB H, XIONGB S, et al., 2005. Performance of Terra MODIS solar diffuser and solar diffuser stability monitor. Earth Observing Systems X: 58820S.

YANG X, YUE W, GAO D, 2013a. Spatial improvement of human population distribution based on multi-sensor remote-sensing data: An input for exposure assessment. International Journal of Remote Sensing, 34(15): 5569-5583.

YANG Y, HE C Y, ZHANG Q F, et al., 2013b. Timely and accurate national-scale mapping of urban land in China using Defense Meteorological Satellite Program's Operational Linescan System nighttime stable light data. Journal of Applied Remote Sensing, 7: 73535.

YI K, TANI H, LI Q, et al., 2014. Mapping and evaluating the urbanization process in northeast china using DMSP/OLS nighttime light data. Sensors, 14(2): 3207-3226.

YU B, SHU S, LIU H, et al., 2014. Object-based spatial cluster analysis of urban landscape pattern using nighttime light satellite images: A case study of China. International Journal of Geographical Information Science, 28(11): 2328-2355.

ZENG C Q, ZHOU Y, WANG S X, et al., 2011. Population spatialization in China based on night-time imagery and land use data. International Journal of Remote Sensing, 32(24): 9599-9620.

ZHANG Q, SETO K, 2011. Mapping urbanization dynamics at regional and global scales using multi-temporal DMSP/OLS nighttime light data. Remote Sensing of Environment, 115(9): 2320-2329.

ZHANG Q, SETO K, 2013. Can night-time light data identify typologies of urbanization? A global assessment of successes and failures. Remote Sensing, 5(7): 3476-3494.

ZHANG X H, LIANG Z Y, CHANG Q, 2015. Design of an athermalized projection optical system for infrared target simulator. Electronics Optics & Control, 22: 87-89.

ZHANG X, JIA H G, 2011. Optical design of infrared athermalized objective with large relative aperture. Chinese Journal of Optics, 4: 374-379.

ZHAO Y, DENG J, YU D Z, et al., 2014. Design of dual field of view optical system in long wave infrared with optical passive athermalization. Infrared Laser Eng, 43: 1545-1548.

ZHENG Q, 2018. A new source of multi-spectral high spatial resolution night-time light imagery: JL1-3B. Remote Sensing of Environment, 215: 300-312.

ZHOU Y, SMITH S J, ELVIDGE C D, et al., 2014. A cluster-based method to map urban area from DMSP/OLS nightlights. Remote Sensing of Environment, 147(5): 173-185.